한국해양전략연구소 총서 98

국가의 군사력과 힘의 균형

김명수

MILITARY
POWER
&
THE BALANCE OF
POWER

박영사

서 문

전쟁과 평화는 역사와 함께하여 왔다. 학자들은 국제사회에서 발생하고 있는 평화와 전쟁이라는 현상을 설명하기 위해 많은 노력을 했다. 그 원인을 인간의 본성, 국가의 의지, 국제체제의 상관관계 등 다양한 측면에서 설명하며 이론을 발전시켰다. 하지만 그 현상을 완벽하게 설명하는 것이 불가능했고, 지금도 학자들은 더 논리적으로 설명하기 위하여 몰두하고 있다. 어쩌면 인간 그 자체를 이해할 수 없듯이 국제사회 현상 또한 설명하려는 자체가 어리석은 노력일지 모른다.

저자도 이 어리석은 노력을 행복이라 생각하며 연구를 시작했다. 2000년대 한국의 현실적 해군력 수준에 대해 고심하며 2010년부터 포괄적 군사력 비교를 연구하였다. 이제 다시 10년이 지난 2020년까지를 살펴보고 미래를 전망해 보려 한다. 비록 지금 당장 연구가 거대하고 획기적이지는 아닐 수 있지만, 시대의 흐름과 함께 살아있는 연구로 작은 밀알이 되기를 조심스럽게 기대한다. 무모한 연구를 계속 진행하는 이유이자 목적이다.

이 연구는 세력균형이론에 근간을 두고 있다. 현실주의의 대표적 세력균형이론(balance of power theory)도 국제체제에서 국가를 중요한 행위자로 국제사회에서 국력(national power)과 힘(power)의 분포(distribution)에서 발생하는 현상을 바탕으로 국가들의 행동을 설명하려 한다. 미어샤이머(John Joseph Mearsheimer)가 국가 힘의 핵심이 군사력이라 주장하듯, 이 책에서도 군사력(military power)을 국가의 핵심적인 힘으로 전제하여 국제관계에서 힘의 분포와 힘의 충돌을 살펴보고 있다.

개인도 자신의 생존과 안전을 최우선으로 하며, 자신과 가족을 지키기 위하여 힘을 기르고, 주변과 협력하는 등 다양한 방법으로 안전장치를 마련한다. 이러한 행동을 하는 이유는 사회체제의 안전망에 대한 불확실성과 모호성, 그리고 다양한 경우에서 발생하는 체제의 불신에 기인한다고 할 것이다. 비록 안전하다고 생각하는 사회에 거주하고 있는 구성원조차도 개인 주택에 보안체계(security system)를 설치하고, 경호원을 고용하는 등 더 안전성을 높이려는 경향과도 같은 현상이다.

국제사회에서 국가도 사람과 같이 생물적 특성과 유사한 방식으로 행동한다. 하지만 현실적으로 국가 생존과 안전장치에 모든 자원을 올인(all-in)하는 것이 불가능하다. 따라서 최적의 안전장치를 찾기 위해 보유한 역량을 최대한 활용하는 노력을 하지만, 다양한 제약이 존재한다. 클라우제비츠가 전장을 안개(fog of war)에 비유한 것과 같이 국제 안보환경이 너무나도 불확실하고, 불투명한 상황으로 오판(misjudgment)과 오산(miscalculation)으로 인해 한 국가의 생존 자체를 위태롭게 하기도 한다.

국가의 힘은 포괄적 개념으로 정치, 외교, 군사, 경제 등 여러 분야에서 다양한 의미로 사용되고 있지만, 이 글에서는 군사력을 국가의 핵심적 힘으로 전제하여 세력균형이론과 군사력의 상관관계를 살펴본다. 국가 간 또는 국가군(nations' group) 간에 상대적 군사력 수준이 균형범위 내에 있으면 힘의 균형으로 평화가 유지되고, 그 범위를 벗어나면 힘의 균형은 깨지고 전쟁이 발생한다는 가설에서 출발한다. 사례는 제1, 2차 세계대전, 냉전시기 주요 국가들, 협력과 동맹 국가들, 해양국가와 대륙국가들까지 다양하며 각각의 사례를 살펴본다.

그리고 힘의 균형이 이상적이고 완벽한 균형의 개념이라면 점(point)이라 하겠지만, 국가의 힘에 대한 균형은 범위(range)라는 개념일 것이다. 개별국가 또는 협력하는 국가군에서 균형과 불균형은 어떤 결과로 나타나는지 살펴본다. 특히 군사력의 핵심인 국방비, 육군, 해군, 공군 등 시대별 정량화가 가능한 요소를 이용하여 국가 또는 국가군의 힘을 측정하는 것이 이 글이 가지는 장점이라고 본다. 또한 동북아시아 안보환경에서 생존과 안전을 확보해야 하는 한국에게는 어떤 의미를 주는지 함께 고민해 보기를 바라는 마음을 담고자 했다.

끝으로 이 글을 마무리할 수 있도록 도움과 격려를 주신 모든 분들께 머리숙여 감사드린다. 특히, 박사논문을 지도해 주신 국민대 배병민 교수님, 이종찬 교수님, 그 외 교수님들, 그리고 어려운 상황에서도 묵묵히 함께해 준 아내 김향희, 아들 김원, 딸 김예윤에게도 감사와 고마움을 전한다. 또한 이 책의 출고를 도와 준 해양전략연구소(KIMS)에도 감사와 무궁한 발전을 기원한다.

– 저자백 –

세계정세

2021년은 "America First!"가 세상의 화두가 되었던 다소 혼돈의 시기를 지나 새로운 미국의 바이든은 "American is back! Diplomacy is back!"을 주장하며, 국제적인 리더십의 회복과 민주주의 가치체제에서 국제질서 유지를 위한 역할을 할 것이라 천명했다. 그리고 바이든은 취임과 동시에 EU, NATO 등 다양한 국제 및 연합 기구와의 외교 행보로 국제적 협력을 강조하며 중국에 대한 견제와 압박을 행사하고 있다. 중국과 러시아도 전략적 협력동반자 관계를 더욱 공고히 하며, 반미국·서방 연대 세력을 구축하며 강력한 대응을 예고하고 있다.

유일의 패권국으로서 국제질서를 유지하던 미국이 중국의 급격한 경제성장과 군사력 증강에 신속한 독자적 대응의 한계와 힘에 버거운 듯한 뉘앙스 속에 미국 주도의 국제질서 유지를 위하여 '동맹과 협력'을 더욱 강조하고 있다. 또한 아프가니스탄 철수 후폭풍 속에 인도-태평양에 더욱 집중할 것임을 분명히 하고 있다. 중국이 1번 항공모함 진수를 시작으로 원자력 추진 항공모함까지 건조할 것으로 예상되는 가운데, 아시아를 넘어 세계로 힘을 분출하고 있는 현실에서 전문가들은 미국과 지역패권과 세계패권 경쟁을 전망하기도 한다.

코로나19 팬데믹 상황에서도 2020년도 전 세계의 국방비는 3.9%가 증가했고, 미국의 국방비가 6.3%, 중국이 5.2%가 증가하며, 두 국가의 국방비가 전 세계 국방비의 약 2/3를 차지하는 것으로 분석되었다.

다변화하는 국제환경에서 우리 군도 2005년 "국방개혁2020" 추진 법률을 제정했다. 2018년 8월에는 "국방개혁2.0"을 발표함으로써 장차 전시작전권을 전환하고, 4차 산업혁명 기술에 기반한 병력 절감형 부대구조로의 발전과 3군의 균형발전을 추진하며 전체 병력을 50만 명으로 감소를 추진하고 있다. 이러한 국방개혁을 추진하는데 중기 소요 재원이 23년까지 약 270조 원으로 추산하고 있으며, 방위력 개선비가 94조 원이 소요될 것이라 국방부는 판단하고 있다. 군병력을 60만에서 50만으로 줄이며 병력 중심에서 첨단화되고 기동화된 과학화 군으로 변모를 추진하는데, 일부 국민들은 미래 안보환경에서 북한과 주변국의 변화에 안정적으로 미래를 준비하고 있는지에 관한 우려가 있는 것도 사실이다.

저자는 2015년에 "세력균형(Balance of power)에서의 군사력 수준과 동북아시아에 주는 함의"라는 제목으로 현실주의의 대표적 이론인 세력균형을 기초로 군사력을 국가의 핵심 힘으로 전제한 논문을 발표한 적이 있다. 여기에서 더 나아가 전쟁과 평화와의 상관관계를 제1, 2차 세계대전과 냉전시기, 그리고 2010년대를 거쳐 현재를 살펴보고, 나아가 가까운 미래를 전망하는 것도 의미가 있을 것이라 본다.

국제정치에서 국가들은 군사력 균형수준에 따라 중진국, 약소국, 강대국으로 분류되며, 거의 모든 국가들은 군사력 증강(internal balance), 동맹과 협력(external balance) 등 다양한 국가행동으로 국가의 생존과 안전을 추구하고 있다. 현재에도 국제사회에서 각 국가들은 힘의 균형유지와 자국의 생존과 안전을 확보하기 위하여 끊임없이 스스로 힘을 자강(self-help)하거나 동맹(alliance)을 추구하는 등 생물과 같이 끊임없이 행동하며 무정부상태(anarchy)의 국제사회에서 생존하기 위하여 분투하고 있다.

- 2021년 말 국제상황을 평가하며, 저자백 -

목 차

제 I 장

서 론

연구 배경

'힘(power)'이란 국가에게 어떤 의미이며, 왜 국가는 그 '힘'을 보유하려 하는가? 현실주의자들은 생존과 안전의 수단으로 '힘(power)'을 바라본다.[1] '힘'은 '무질서(anarchy)'하고 '불확실성(uncertainty)'으로부터 자신을 보호할 수 있는 필수적 수단으로 간주한다. 그러나 '힘'은 국제정치에서 양날의 검과 같이 평화적 수단으로 또는 전쟁의 수단으로 이용된다.

현실주의자들은 국제정치는 힘의 정치로 무정부상태의 국제체제에서 자국의 생존이나 안전, 국가이익을 위한 자기보호 수단으로 '힘'을 가장 주요한 수단으로 본다. 이 개념을 기본으로 하는 현실주의의 대표적인 이론이 세력균형이론이다. 이 세력균형이론은 고전적 현실주의자인 모겐소(Hans J. Morgenthau)와 신현실주의의 태두인 월츠(Kenneth N. Waltz) 등에 뿌리를 두고 발전하였다.[2]

월츠는 무정부상태의 국제사회에서 국가마다 능력이 다르고, 힘의 분배 차이가 있기 때문에 국가는 '힘의 균형'과 '균형의 유지'를 통하여 생존과 안전을 유지한다고 주장한다. 그러나 월츠 자신도 세력균형(balance of power)이 때로는 두렵고 때로는 혼란스러운 용어이며, 사람들은 그것이 좋은지 혹은 나쁜지, 그것을 인정하는지 인정하지 않는지, 존재하는지 존재하지 않는지에 대한 질문에 대해 각기 다른 견해들을 가지고 있다고 했다. 하지만 이러한 모호성에서도 월츠는 과거에도 그랬듯 언제나 세력균형은 존재하고 있다고 주장한다.[3]

월츠가 이론적 개념을 정립한 이후, 에베라(Stephen Van Evera), 미어샤이머(John J. Mearsheimer), 스웰러(Randall L. Schweller), 왈트(Stepthen M. Walt) 등 많은 학자들이 월

츠의 이론에 근거하여 논리적으로 국제정치를 설명하기 위한 연구와 이론을 발전시켜왔다.[4]

세력균형이론은 고대 그리스의 도시국가(states) 시대부터 현실에 대한 불확실성 속에 생존과 안전을 위한 끊임없는 국력 증강, 협력과 배신 등 다양한 국가 활동과 행동에서 수많은 전쟁이 발생하였고, 그 결과 생존과 패망이 반복적으로 발생하는 과정에서 불신으로 가득한 세상에서 살아남는 방법을 자연스럽게 체득하며 일상적 현상으로 자리잡았다고 할 수 있다. 그리고 현실 국제현상을 힘의 분포로 설명이 가능한 유용한 이론으로 자리를 잡고 발전했다. 그러나 유·무형의 '힘'이란 개념을 정의하기 어렵고, '균형(balance)' 개념 또한 과학적으로 측정하고 증명하기 어렵기 때문에 추상적이고 모호한 개념이라고 비판받기도 한다.

'세력균형'에서 말하는 '세력', 즉 '힘'이란 국가적 수준에서는 '국력(national power)'을 의미한다. 국력은 국가의 자연적, 사회적 모든 요소를 포함하며, 자연적 요인(natural determinants)으로 지리, 자원, 인구 등이며, 사회적 요인(social determinants)으로 경제, 정치, 군사 등 다양한 요소를 포함한다.[5] 이 요소 중에 군사력은 국가의 생존과 안전에 핵심 요소로, 위협에 직접적으로 무력을 사용하여 실력행사를 할 수 있는 자기방어 수단으로 모든 국가가 이를 보유하고 있다. 그리고 국가의 생존과 안전을 저해하는 가장 큰 위협이 '무력의 충돌', 즉 '전쟁'이다. 따라서 국가의 생존을 위해 월츠, 미어샤이머 등은 물리적 힘, 군사력이 자기방어의 절대적 요소라고 주장한다. 특히, 미어샤이머는 국가행동의 유일한 변수를 군사력이라고 주장한다.[6]

그리고 '세력균형'은 '힘을 유지한다'는 의미로 국가의 행위를 말한다. 균형 유지는 그 상대가 있어야 하며, 그 상대는 '적대국', '국가의 생존에 위협이 되는 존재' 등으로 지칭될 수 있다. 균형을 위한 상대인 '적대국의 힘', '적대국 군사력'에 대하여 균형을 유지한다는 의미가 된다. 여기서 세력균형을 어렵고 모호하게 만드는 원인인 균형의 의미가 '측정하다(measure)'라는 개념에서 '시소(seesaw)'와 같은 수학적으로 완벽한 평형(equilibrium)이라는 개념적 오류에서 비롯될 수 있으며, 균형은 범위(range)로 존재하고 있다.

연구의 범위와 방법

1 연구 범위

먼저 세력균형이론의 대표적 학자인 월츠와 군사력을 국가의 주요 힘으로 주장한 미어샤이머 등 다양한 주장에 대하여 살펴본다. 그리고 그 이론을 기본으로 역사적으로 힘의 균형 범위(range)와 국가들이 어떻게 행동했는지 살펴본다.

근대 군사력의 변화를 가져온 산업혁명 이후 1880년부터 현대까지 군사력의 변화를 따라가 본다. 1880년대는 유럽에서 이탈리아와 독일이 1870~1871년에 통일이 되었고, 아시아에서 일본이 1868년 메이지유신을 계기로 고립상태를 탈피하여 기존 강대국의 행동을 모방하며 1880년대와 1890년대까지 해외 영토를 확장하고, 상비 육군의 보완과 근대식 함대를 건설하기 시작한 시기이다.[7]

더구나 국제 정치적으로 1870년대 이전 대륙국가와 해양국가의 패권 쟁탈전이 영국, 러시아, 프랑스 등 구자본주의 국가 중심의 세계 영토분할에서, 1880년 이후 미국, 독일, 일본 등 신흥 자본주의 국가가 식민지 쟁탈전에 개입하며 세계적으로 많은 갈등과 충돌이 발생한 시기였다. 19세기 말 미국, 독일, 일본의 부흥은 국제사회의 힘의 분포에 거대한 변화를 가져왔다. 첫째는 세계가 유럽 중심의 힘의 균형구조에서 미국과 일본 중심의 구조로 변경되었고, 둘째는 1870년대 이전 영국, 프랑스, 러시아 중심의 세력균형이 통일독일의 등장으로 유럽의 낡은 세력균형이 붕괴되고 새로운 세력

균형을 형성하며 전통적인 유럽지역의 균형구조가 변경된 시기였다.[8]

　군사적으로는 산업혁명으로 발달된 과학기술이 육상 및 해상 전쟁에 영향을 주기 시작하였지만, 이러한 변화는 일부에서 발표된 것 보다 훨씬 느리게 반영되었고, 철도, 전신, 속사포, 증기 추진, 무장 군함이 군사력(military strength)으로 결정적인 역할을 한 것은 19세기 후반이었다.[9] 제1, 2차 세계대전은 총력전과 신무기들이 등장하며 병력과 무기체계가 결합된 전쟁으로 변모하였고, 해군은 범선시대에서 철갑선과 증기기관으로 변경되어 해양환경을 극복하기 시작하였다. 또한 제1차 세계대전부터 무기체계의 발전으로 군사력에 재정적으로 많은 투자가 필요했고, 경제력은 군사력에 큰 비중을 차지하기 시작하였다. 그리고 군대의 병력, 군함의 톤수, 국방비 등 객관적 통계 자료가 기록 및 보관되기 시작하였다.

　국제정치에서 힘이란 경제 및 외교력 등을 포함하여 다양한 요소가 있지만, 이 글에서는 군사력을 중심으로 육군, 해군, 공군, 국방비를 중심으로 살펴본다. 그리고 국제관계를 바라보는 국제체제와 국가 수준(연구분석 수준, level of analysis)[10]에서 국가행동을 살펴본다.

2 방법론

　군사력은 그 수준을 상대적 관점에서 바라보아야 한다.[11] 상대적 군사력의 수준 변화가 국제 안보환경에 영향을 미치며 평화와 전쟁의 가장자리에 위치하기도 한다. 국가는 힘을 강화하기 위하여 자국의 군사력을 증강하기도 하고, 타 국가와 군사협력이나 동맹 등 국가군(nations' group)을 형성하기도 한다.

　군사력의 비교 방법에는 다양한 연구가 있지만, 스웰러(Schweller)가 1930~1940년대 군사력(military power)을 병력과 군사비 지출로 측정한 바 있다.[12] 그리고 폴 케네디(Paul Kennedy)는 국가 간의 힘의 척도를 경제력과 연계하여 인구, 국가 총생산, 육군의 규모(병력), 해군의 규모(척수, 톤수), 국방비 등 다양한 변수를 단순 비교하여 강대국을 분석하기도 하였다. 군사력의 비교에 총병력, 톤수, 국방비를 주요 변수로 설정하여 영국의 1900년도를 100으로 기준을 정하고 다른 국가의 힘을 백분율로 계산하는 상대적 비교방법을 사용하기도 하였다.[13]

그리고 수학(formalization)과 통계분석으로 1940년 라이트(Quincy Wright)의 전쟁 연구에서 발전되어 왔고, 1960년대부터 적극적으로 이용되기 시작하였으며, 1980년대 민주평화론(democratic peace theory)에서 '민주주의 국가들은 서로 전쟁을 하지 않는다'는 사실을 통계적으로 분석한 대표적인 사례도 있다.[14]

이 책에서는 이해를 돕기 위하여 상대적 군사력의 수준 변화를 간단한 수학적 모델을 이용하여 국가 간의 군사력을 비교한다. 힘의 분포를 이루고 있는 국가의 군사력을 조작적 정의를 통해 표준화된 수치(표준정규분포의 표준값(Z), standardized value)[15]로 비교한다. 좀 더 구체적으로 설명하면 국방비, 병력, 함정의 총톤수, 전투기수 등을 이용하여 단일 영역(domain)의 값으로 전환하여 비교한다는 개념이다.

지금까지 군사력의 단순 비교법이 가장 보편적으로 사용되고 있고, 큰 지식 없이도 일반적인 상식에서 접근하여 이를 쉽게 이해할 수 있다는 장점이 있다. 실제로 이러한 방법은 『국방백서』나 The Military Balance 등 전문 보고서에 서도 다양하게 활용되고 있다.

과거부터 현재까지 정확한 군사력 관련 자료를 얻기 위하여 A STUDY OF WAR,[16] Conway's All the World's Fighting Ships,[17] The Military Balance-B IISS(International Institute for Strategic Studies), ICPSR(Inter-University Consortium for Political and Social Research),[18] SIPRI(Stockholm International Peace Research Institute) 등 권위 있는 연구 자료를 활용하였다.

제Ⅱ장

세력균형이론과 군사력

제1절

세력균형이론과 비판

1 세력균형이론

세력균형이론(balance of power theory)은 현실주의의 중심이론으로 무정부상태의 국제정치를 세력균형과 국익이라는 관점에서 바라본다. 국익은 힘으로 정의되고 기본적으로 국제정치의 주요 행위자(actors)를 국가(states)로 본다.

현실주의의 근원은 투키디데스(Thucydides, B. C. 460~400)에서 찾는다. 펠로폰네소스 전쟁(Peloponnesian War)의 원인을 아테네와 스파르타 중심의 도시국가 연합 또는 협력 간에 발생한 힘의 불균형이었다고 보며, 특히 Melian Dialogue에서 현실주의의 이념 논쟁이 최초 시작되었다고 보기도 한다.

Melian Dialogue에서 아테네인은 대등한 힘을 가졌을 때만 정의도 존재하며 약자는 강자에게 항복하는 것이 옳은 것이라 멜로스인에게 주장한다. 그러나 멜로스인은 보편적인 선(good)이 정의(justice)이자 이익(interest)이라 주장하며, 스파르타 원군이 올 것이라는 희망을 가지고 아테네군에게 항전을 하지만, 그 결과는 현실성 낮은 희망에 불과하다는 것을 비참한 전쟁의 결과를 통해 알게 된다.[19]

여기서 국제관계가 정의의 원리에서 도덕적 질서(moral order)에 근거할 수 있느냐, 국가이익과 힘의 충돌(confliction)이라는 격투기장으로 남을 것인가에 대한 격론은 시작되었다. 그리고 현실주의 이념의 논쟁이 시작되었다. 현실주의는 힘이 없으면 자유(freedom)도 생존(survival)도 보장을 받을 수 없으며, 자신의 도덕성도 무의미하다고 본다. 결국 정의(justice)는 힘(power)이라는 것이다.

마키아벨리(Niccile Machiavelli)는 플라톤(Plato), 아리스토텔레스(Aristotle) 등이 주장한 정치사상인 보편적 도덕적 가치(universal moral values)와 윤리학(ethics)을 배제하고, '효과적 진리(effectual truth)'에 근거한 국제정책을 선택할 수 있다고 주장하였다. 그 정책이 비록 비도덕적 행동(immoral action)일지라도 '악(evil)'이라는 주장을 결코 거부하지 않는다. 그리고 정치 사상가 홉스(Hobbes)는 개인과 국가의 관계에 관심을 가지고, 국제사회는 폭력과 두려움이 내재된 무정부적 자연상태(anarchic state of nature)로 자연상태에 존재하는 개인이 삶(live)을 위하여 힘을 키우는 것이 당연한 것처럼, 국가의 행동도 다른 국가의 지배와 국민의 지배를 위해 노력하는 것은 당연하다고 보았다. 그리고 국제 사회에서 보편적 도덕 원칙의 존재를 거부하는 것은 마키아벨리와 동일하다.

홉스의 사상에 기초하여 한스 모겐소(Hans J. Morgenthau), 월츠, 미어샤이머 등이 전쟁과 시대의 변화에 따라 전통적 현실주의(classical realism), 신현실주의(neorealism), 방어적 현실주의(defensive realism), 공격적 현실주의(offensive realism), 신고전적 현실주의(neoclassical realism)로 발전하게 된다. 하지만 카(E. H. Carr)는 현실주의의 한계를 느끼며 제1차 세계대전 이후 *The Twenty Year's Crisis*(1939)에서 오로지 힘의 투쟁이라는 민낯으로는 어떤 종류의 국제사회를 만드는 것이 불가능하다고 보며, 화해와 타협(appeasement)으로 오늘날 UN과 같은 집단적 안보체제(system of collective security)와 이익의 조화(harmony of interest)를 통하여 보편적 도덕성과 평화(peace)가 가능하다고 이상주의(utopian)를 주장하였다.

고전적 현실주의의 특징은 대표적 학자인 모겐소가 주장하는 정치적 현실주의의 6개 원칙에서 잘 나타나 있다. 국제사회는 일반적인 사회와 마찬가지로 '인간본성'에 기초한 객관적 법칙(objective law)의 적용을 받으며, 여기서 인간본성은 변화되지 않는다고 본다. 이러한 맥락에서 세력균형이론도 동일하게 현실 국제정치에서 수백, 수천 년 동안 존재하여 왔고 정치적 이론으로 발전되어 온 것이다. 그리고 국제정치에서 국가이익은 권력 또는 힘(power)으로 정의되며, 결국 권력(힘)이 정치의

본질이라 본다.[20]

결국 현실주의에서는 국제관계의 핵심 행위자(key actor)인 국가는 힘(power)과 안전 또는 안보(security)가 주 관심사이다. 따라서 국제관계에서 도덕(morality)이 설 자리는 적으며 인간본성(human nature)이 현실주의의 시작점이라 본다. 인간은 자기주의적(egoistic), 자기 이익주의적(self-interested)인 것이 고유한 것으로 이러한 것이 도덕적 원칙을 극복한다는 것이다. 그리고 국제사회를 통치(rule-making)하고 강제(enforcing authority)할 수 있는 조직이 없는 무정부상태에서 자신의 생존에 대한 책임과 자신의 이익을 위한 힘을 추구하는 자조체계(self-help system)는 필수적이다. 잠재적 적을 저지하기 위한 힘의 균형을 유지하거나 힘의 증가는 자연스러우며, 군사력의 증강으로 경쟁국과의 전쟁을 방지하는 것이다.[21]

가. 모겐소(Hans J. Morgenthau)

세력균형이론은 현실주의의 대표적 이론으로 국제체제 현상을 힘의 정치로 설명하며, 국가 간의 갈등은 무정부상태의 국제질서에서 나타나는 일반적인 현상이라고 본다. 국가 간의 권력 또는 힘의 투쟁이 권력 또는 힘의 불평등한 분배에서 온다고 본다. 양차 세계대전을 겪으면서 현실주의자들은 전쟁의 원인과 평화에 대한 문제를 주요 연구과제로 인식하였다.

학자별로 차이는 있지만 1648년 웨스트팔리아조약 이후 여러 가정들 중 핵심은 국제체제에서 국가가 가장 중요한 행위자이자 이들 국가들은 합리적(rational)이라고 가정한다. 그리고 국가들은 자국의 생존을 위해 위험을 최소화하고 힘을 증대하여 국가의 이익을 극대화하려 한다는 것이다. 결국 국력의 극대화가 국가의 이익이며, 국가 간 경쟁에서 승패를 결정하는 상대적 힘의 증대가 국가의 중요한 목표가 된다.

이와 같은 현실주의 시각은 모겐소의 *Politics Among Nations: The Struggle for Power and Peace*라는 저서를 통해 본격적으로 나타나기 시작하였다. 특히, 모겐소는 '세력균형'이라는 개념을 통해 현실주의 시각을 이론화한 대표적인 학자로서, 오늘날까지도 국제정치의 주요 이론으로 사용되고 있다. 이후 많은 후학들에 의해 그의 이론이 발전되었으며, 그를 비판하는 학자들조차도 자신의 주장을 시작하기 위해서는 모겐소의 이론 가운데 미흡한 부분을 지적해야만 했다.

모겐소는 현상을 유지 또는 타파하려는 국가들의 권력에 대한 욕심은 반드시 세력균형이라는 상태를 낳고, 이를 유지하려는 정책들을 펼친다고 주장하였다.[22] 보편적 개념으로서의 세력균형에 있어 '균형'은 여러 학문 분야에서 사용되는 '평형(equilibrium)'이라는 용어와 동의어로써, 여러 독립된 힘으로 구성되어 있는 하나의 체제에 있어 안정을 의미한다. 이러한 평형은 체제 외부의 힘이나 그 체제를 구성하고 있는 하나 또는 여러 요소에 의해 파괴될 경우 원래 혹은 새로운 평형상태를 다시 이루고자 하는 경향을 보인다. 이는 국제체제에서도 동일하게 작동한다고 보았다. 즉, 국제체제에서도 평형은 존재하며 이를 유지하려는 세력과 타파하려는 세력 간의 대립으로 인해 평형상태가 파괴될 때, 전쟁이 발발한다는 것이다. 그리고 파괴된 균형은 결국 이전의 균형상태 또는 새로운 균형상태로 돌아간다는 것이 국제체제에서도 동일하게 작동한다는 것이다.

모겐소는 세력균형의 유형으로 크게 두 가지를 제시하였다. 하나는 '직접 대결형(The pattern of direct opposition)'이고, 다른 하나는 '경쟁형(The pattern of competition)'이다. 직접 대결형은 두 국가 또는 두 개의 국가군이 직접 대결함으로써 형성되는 세력균형상태를 의미한다.[23] 1812년 러시아와 맞선 프랑스와 그의 동맹국들, 1931~1941년 중국과 대립한 일본, 1941년 이후 추축국(Axis power)들과 대결을 벌인 연합국 진영 등이 주요 사례들이다.

또 다른 유형은 경쟁형으로 세 국가(혹은 국가군) 사이에서 형성되는 균형관계이다. 약소국 C를 가운데 두고서 이를 지배하려는 A와 B 국가들의 힘이 상대방을 능가하지 못할 경우, 두 국가의 힘은 서로 견제되어 균형을 이룬다. 이 경우에는 약소국 C의 독립이 보장된다. 제2차 세계대전 이전까지 벨기에와 발칸국가들이 독립을 유지할 수 있었던 것은 이러한 세력균형에 의한 것이었다. 이 외에도 완충국(buffer state)은 강대국들 사이에 위치하여 군사적 안전에 기여함으로써 약소국으로 생존을 유지하는 경우도 있다. 1831년 독립 국가가 된 이후 제2차 세계대전까지 완충국으로서 국가의 생존을 유지하였던 벨기에가 가장 대표적인 사례이다.

세력균형의 방법으로는 자신의 국력을 강화하는 적극적 방법과 상대방의 국력 약화를 통해 자국의 상대적 국력을 강화하는 소극적인 방법이 있다. 이에 대해 모겐소가 제시한 구체적인 방법으로 분할과 통치(divide and rule), 영토적 보상(compensation), 군비확충(armaments), 군비축소(disarmament), 동맹과 대항동맹(alliance and counter-alliance) 등이 있다.[24]

모겐소의 세력균형에 대하여 한계점을 지적하기도 한다. 세력균형의 불확실성(uncertainty), 비현실성(unreality), 부적합성(inadequacy)이다.[25] 국가 간의 상대적 국력을 비교하기 위해서는 이를 평가할 수 있는 양적 기준이 필요하다. 영토, 인구, 군비 등에서 그런 기준을 제시할 수 있으나, 이는 절대적이지 못하며 국민성, 국민의 사기, 외교 문제를 해결하는 정부의 질 등의 요소들은 정확하게 측정 및 평가하기가 어렵다. 또한 이처럼 국력의 계산이 불확실하므로 세력균형을 실제 적용하기도 어렵다. 그리고 과거 세력균형이 국제체제의 안정과 국가들의 독립을 유지하는 데 실제로 기여한 것은 인정하지만, 세력균형이 유일한 요인이라고 단정할 수는 없다. 그 당시 다른 요인이 없었더라도 세력균형이 제대로 작동할 수 있었는지에 대한 의문이 생길 수 있다.

나. 월츠(Kenneth N. Waltz)

월츠는 *Theory of International Politics*를 통하여 세력균형이론을 논리적이고 체계적으로 정립하였다. 그는 세력균형의 조건으로 국제질서의 '무정부상태'와 그 안에서 생존을 희망하는 단위, '국가의 존재'로 본다. 무정부상태의 국제체제에서 국가는 생존의 수단으로 '힘', '군사력'의 중요성을 강조한다. 무정부적 질서에서 세력균형의 특징은 국가정책에 의해 나타나는 것이 아니라, 국가들 간의 자연적인 상호작용으로 형성된다고 본다. 그리고 무정부상태의 국제체제에서 고도의 전쟁 위험성을 지니고 있기 때문에 국가는 자조에 우선하여 생존(survival) 및 국익을 유지하며 협력이나 동맹에는 한계가 있다고 주장한다.

국가들의 관계 속에서 활동하는 모든 국가는 폭력(violence)의 그림자 아래 놓여 있으며, 언제라도 무력(force)을 행사할 수 있는 국가들이 존재하기 때문에 그에 대한 준비를 해야 하며, 그렇지 않으면 군사적으로 보다 강력한 나라에 의해 좌지우지된다고 본다. '국가들 사이에서 자연상태는 전쟁상태(Among states, the state of nature is a state of war)'이며, 따라서 개별국가는 생존을 위해 힘의 사용을 스스로 결정해야 하고, 전쟁은 언제든지 발생할 수 있으며 국제체제에서 갈등 없이 존재하기란 불가능하다. 이러한 갈등을 관리하고 조절할 수 없는 상태에서 무력의 사용을 회피하는 것은 현실적으로 불가능하며, 국제체제에서 자조(self-help)는 필수적이라고 주장한다.

또한 상호협력을 저해하는 요소로 안보불안(insecurity), 즉 한 국가는 상대국의 의도와 행동에 대하여 끊임없이 의심하고 불신하는 등 불확실성(uncertainty)을 가지기 때문에 자기생존을 위해 무장해제를 하는 완전한 협력은 불가능하고, 자조와 힘의 우위에 관심을 가진다고 본다. 따라서 안보를 위한 자원의 소비가 비생산적인 것이지만 동시에 불가피한 것으로 보고 있으며, 국제적 구조와 전략에서 약소국의 생존을 책임질 수 있는 기구는 존재하지 않는다고 본다. 기본 목적을 달성하기 위한 구조와 전략도 없으며, 목적 달성은 필요한 수단을 제공할 수 있는 능력에 의존하기 때문에 전쟁과 같은 위협에 대비하기 위해 군사력의 중요성은 더욱 커진다고 주장한다.[26]

그리고 홉스(Hobbes)는 그의 저서 *Leviathan*(1651)에서 국가와 개인의 관계 측면에서도 자기보존(self-preservation)이 인간의 최우선 관심사라는 주장을 근거로 인간은 자연상태에서 개인적으로 삶이 불가능함으로 집단적으로(collectively) 안보(security)를 찾기 위하여 국가에 의존한다고 주장한다.[27] 그리고 '국가행동의 기본 틀(the framework of state action),' '국가체계 그 자체 영향이론(a theory of the conditioning effects of state system itself)'을 바탕으로 세 가지 이미지(image)로 전쟁 원인을 분석하였다, 인간행동(human behavior)에 근거를 두고 인간의 공격적인 성향을 원인으로 보며, 두 번째 이미지는 국내구조체계(internal structure of states)로 정치체제 또는 경제체제의 특성에 기인한다고 보고, 세 번째는 국제체제의 무정부성(international anarchy)에 기인한다고 본다.

또한 국가는 단일체계로서 목적 달성을 위하여 그 수단을 대내적 노력과 대외적 노력으로 나누며, 대내적 노력이란 경제력 및 군사력 증대, 전략의 수립 등이고, 대외적 노력으로는 동맹을 통하여 자신의 힘을 강화하거나 적의 동맹을 약화시키려는 노력이다.[28]

다. 미어샤이머(John J. Mearsheimer)

미어샤이머는 공격적 현실주의자(offensive realist)로 국가생존의 주요한 변수를 군사력이라고 본다. 미어샤이머는 *Tragedy of Great Power*(2001)[29]에서 냉전의 종결로 '영구평화(Perpetual peace)'의 도래와 강대국 간의 잠재적 군사적 경쟁관계가 없는 국제공동체(international community)를 통한 협력 가능성이 증대되었다는 일부 주장에 오류를 지적한다. 독일의 공격적 행동과 일본의 위험성 등은 항상 잠재해 있고, 이러한 이유에서 앞으로도 강대국들은 자기의 생존(survival)과 서로에 대한 두려움을 없애기 위해 힘(power)의 경쟁, 안보경쟁(security competition)을 하고, 궁극적으로 패권(hegemony) 국가를 추구하며 전쟁 가능성이 여전히 남아 있다고 주장한다.

국제사회에서 국가 간에 서로 두려움(fear)을 일으키는 이유는 국가보다 상위의 조직이 없는 무정부상태이고, 국가가 공격적인 군사력을 보유하고 다른 나라의 의도(intention)를 확실하게 알 수 없기 때문이다. 따라서 최상의 생존을 보장받는 방법은 패권국이 되는 것이다.

힘은 잠재적(potential) 힘과 실질적(actual) 힘으로 구분되며, 국가의 잠재적 힘은 인구의 크기와 부(wealth)의 수준에 따라 결정되고, 이 두 자산(asset)을 군사력(military power) 건설의 주요 요소로 본다. 특히, 군사력에서도 국가의 실질적인 힘은 육군력(land power)이며, 이를 지원하는 해군력(naval force)과 공군력(air force)으로 보았다. 육군이 군사력의 중심인 이유는 육군력만이 국가들이 추구하는 궁극적인 목적인 힘의 확대를 위해 영토를 정복하고 통제하는 주요 수단(instrument)이기 때문이다.

그리고 해양은 육군의 힘의 투사 능력에 근본적인 제한사항으로 보았다. 미어샤이머는 마한(Alfred Thayer Mahan)[30]의 해양력의 중요성과 듀에(Giulio Douhet)[31]의 결정적 군사수단으로서 공군력의 중요성을 부정한다. 공군력이나 해군력의 전략폭격이나 해상봉쇄는 상대 국가가 고통을 감내할 수 있는 수준이라고 보았다. 그리고 국가 행동을 설명하는 유일한 변수는 국가의 군사력이며, 협력은 잠시의 국가이익을 위해 취해지는 일시적 국가 행위이기 때문에 자기방어를 위해 군사력 증대의 필요성을 주장한다. 강대국의 기준은 상대적 군사력 능력(relative military capability)에 기초한다. 그리고 이 군사력은 세계에서 가장 강력한 국가에 대항하여 전면적인 재래식 전쟁을 수행할 수 있는 충분한 군사적 자산(miliary assets, 인구와 부)을 보유해야만 한다고 주장한다.

균형의 상태를 변화시키는 데 합리적 대가가 따른다고 판단하면 군사력을 사용하고, 그렇지 않으면 기다리며 더 좋은 환경과 더 강력한 힘을 보유하려는 욕망을 가지고 있다고 본다. 그리고 자국을 보호하려는 행동이 상대국에게는 공격적 행동으로 보여지는 이유는 국제체제구조(international system structure) 때문이라는 것이다. 공격적 현실주의(offensive Realism)로 강대국은 패권(hegemony)을 추구하며, 다극체제(multipolar system)가 양극체제(bipolar system)보다 전쟁 가능성이 높고, 잠재적 패권국이 다수 존재하는 다극체제가 가장 위험한 체제라고 본다.

그리고 국가생존의 전략으로 자국에게 유리하도록 세력균형을 변화시키고, 적대국 우위의 세력균형을 방지하기 위한 방법으로 공갈협박(blackmail)은 상대적 비용(cost)이 들어가지 않는 좋은 방법이나 목표달성의 어려움이 있으며, 미끼와 먹이(bait and bleed) 전략은 상대국을 약화하기 위해 전쟁을 유발하는 방법이나 성공적으로 사용하기 어렵다. 희생양(bloodletting)전략은 적대국이 장기적인 전쟁에 개입하여 파멸하도록 하는 전략이다. 균형과 책임전가(balancing and buck-passing) 전략은 상대국에 대해 힘을 합해서 대응하거나 전쟁의 부담을 나누는 방법, 또는 적대국에 대하여 다른 국가가 대응하도록 하는 방법이다. 또한 유화(appeasement)전략이나 편승(bandwagoning)전략이 세력균형을 유지하는 주요한 방법 중 하나이지만, 가급적 피해야 할 전략이라고 주장한다.

라. 기타 학자들의 세력균형이론

"세력균형"에 관한 담론을 좀 더 살펴보면, 먼저 라이트(Quincy Wright)는 *A study of war*(1942)에서 세력균형의 의미를 국가체계(system of states)에서 설명하였다.[32] 세력균형이란 국가체계에서 불확실하고 요동치는 정치적, 군사적 힘의 안정적 평형(stable equilibrium)을 유지하려는 것으로 전쟁의 순환(recurrence)을 설명하기 위하여 사용되었다. 이러한 평형을 유지하기 어렵기 때문에 국가들은 이를 위하여 노력했다. 정적인 의미(static sense)로 독립된 정부 간에 상생 가능한 상태를 의미하고, 동적인 의미(dynamic sense)로 균형을 유지하기 위하여 정부가 선택한 정책이다.

그리고 세력균형은 정치적 힘과 관련된 변화(changes)가 관측(observe)되고 측정(measure)될 수 있다는 의미이며, 광범위한 정치적 힘의 영역을 계산하는 것이 정치적 힘의 변화를 가장 잘 증명하는 것이라고 보았다. 힘의 영역은 군사력에 추가하여 인구, 세금, 자원, 전략 등이고, 이러한 영역의 가치가 국제적으로 인정되어야 한다. 그리고 국가들의 힘의 증가와 자기보존(self-preservation)을 위하여 정부가 투쟁할 것이라고 보았다. 또한 군사력은 합법적인 특권이나 여론, 시간에서보다 더 강력하고, 역사적으로나 국제적으로, 특히 즉각적 위협(immediate threat)에 대해 안정에 기여하는 더 중요한 요소였다고 주장하였다. 그리고 힘의 균형을 이루는 국가들이 많아지면 안정성(stability)이 증가되고 전쟁의 확률이 낮아지며, 국가의 힘이 분산되고 상호 간 이격(separation)되어 있을수록 안정성이 증가된다고 주장하였다.

슈만(F. L. Schuman)은 세력균형을 A, B, C라는 세 국가가 있는 경우를 가정하여 설명한다. 3개국 가운데 1개국의 힘의 확장은 다른 두 나라의 힘의 감소를 초래하게 된다. 만일 A국이 B국을 정복하거나 또는 B국의 영토 일부를 점령하여 힘을 크게 강화시킨다면, C국은 A와 B국의 전쟁 여부와 관계없이 C국도 이 힘의 변화로 인하여 커다란 위협을 느끼게 된다. 이러한 위협을 제거하기 위하여 C국은 B국을 도와 A국에 대항해야 한다. 결국 서로가 공동의 이해관계에서 B와 C국은 동맹관계를 형성하게 되고, 이와 마찬가지로 C국이나 B국의 힘이 강대해진다면 또 다른 동맹의 형태로 힘의 균형을 유지하려는 경향을 가지게 된다.

힘의 균형상태를 위하여 지속적인 동맹체제가 유지된다면 어느 국가도 다른 국가를 정복할 수 없으며, 세 국가는 모두 존립할 수 있다. 이와 같이 세력균형의 원리는 본래의 평화를 유지하든가, 국제협조를 이룩하려고 한 것이 아니며, 단지 국제사회를 구성하고 있는 어떤 한 국가의 힘이 증대되어, 다른 국가를 위협하게 되는 것을 저지함으로써 각 나라의 존립을 유지해 가려는 데 있는 것이라 주장하였다.[33]

하아스(Ermst Hass, 1953)는 ① 세력의 분포(any distribution of power), ② 세력의 평형 혹은 균형화 과정(an equilibrium or balancing process), ③ 세력 주도권 혹은 주도권의 추구(hegemony or the search for hegemony), ④ 세력의 조화에 의한 안정과 평화(stability and peace in a concert of power), ⑤ 불안정한 전쟁(instability and war), ⑥ 일반적인 힘의 정치(power politics in general), ⑦ 역사의 보편적인 법(a universal law of history), ⑧ 정책 결정자를 위한 체계와 지침(a system and guide to policy-makers) 8가지 의미로 보았으며, 현대에서는 대체로 4가지의 의미로 사용된다.[34] 첫째는 세력 분포에 관하여 비교적으로 광범위하게 만족할 만한 상황이나 조건을 의미한다. 둘째는 국제적 패권을 장악하려는 강대국이나 세력균형을 파괴하려는 국가의 출현으로 국제체제가 위협을 받으면, 다른 국가들이 그에 대응하기 위한 동맹을 형성할 개연성이 있는 국가 행위의 보편적인 경향이나 법칙을 나타낸다. 셋째는 세력균형을 파괴하려는 국가에 대하여 항상 경계하고 대응하는 등 정치인들이 합리적으로 행동할 수 있도록 이끌어 주는 정책지침을 의미한다. 넷째는 세력의 균형화 과정을 통하여 모든 국가들이 그들의 정체성과 통합 및 독립을 보존할 수 있는 다국가 사회체제를 말한다.[35]

그리고 하아스와 와이트(Martin Wight)는 모겐소의 세력균형의 용어를 4가지의 다른 의미로 첫째는 어떤 확실한 현상에 목표된 정책으로서, 둘째는 실제적 현상으로, 셋째는 힘의 거의 균등한 분배로서, 넷째는 단순한 힘의 분배로서 보았고, 이 개념에 기초하여 힘의 배분과 균형의 의미를 균등한(even) 배분과 평형(equilibrium)의 원리로 구체적 개념정립을 하였다. 여기서 '균형(balance)'라는 의미는 '평형(equilibrium)' 그리고 '안정(stability)'라는 개념이라고 보기도 한다([표 1]).[36]

표 1 Haas와 Wight의 세력균형의 용어와 의미

Haas	Wight
1. Distribution of Power	1. An even distribution of power
2. Equilibrium	2. The principle that power ought to be evenly distributed
3. Hegemony	3. The existing (any possible) distribution of power
4. Stability and Peace	4. The principle of equal aggrandizement of Great Power at the expense of weak.
5. Instability and War	5. The principle that our side ought to have a margin of strength in order to avert the danger of power becoming unevenly distributed.
6. Power Politics generally	6. A special role in maintaining an even distribution of power
7. Universal Law of History	7. A special advantage in the exiting distribution of power
8. System and Guide to policy-making	8. Predominance 9. An inherent tendency of international politics to produce an even distribution of power

출처 : Ernst B. Hass. "The Balance of Power: Prescription, Concept, or Propaganda." *World Politics Vol.5*, No.4 (1953). pp.475~477.; Martin Wight. Power Politics (London: Royal Institute of International Affairs, 1946). pp.40~49.; Vesna Danilovic. *When the States Are High: Deterrence and Conflict among Major Power*(Michigan: the University of Michigan Press, 2002). p.77.

2 세력균형이론에 대한 비판

세력균형이론은 현실 국제정치에서 과거와 현재에도 국제정치의 현실을 잘 설명하여 주는 이론이라 평가하고 있다. 하지만, 세력균형이론에 대한 논쟁과 비판도 계속되고 있다. 이론적 측면에서 국제현상 설명에 대한 비일관성(inconsistency)과 이론 자체의 모호성(ambiguousness)이며, 과학적 측면에서 힘의 정의와 측정과 관련된 비판이다.

신현실주의자들은 월츠가 주장한 생존(survival)과 번영(prosper)을 위하여 국제체제에서 자조와 세력균형이 필수적이라 주장하지만, 현실은 그렇지 않다고 주장한다.[37] 슈뢰더(Paul W. Schroeder)는 힘의 증대가 안보 극대화라는 목표를 달성하기 위한 수단으로 무정부상태의 국제질서에서 자조가 국가행동의 필연적 원칙이라 강조하지만, 무정부적 상태에서 국가들이 위협에 대응하는 방식은 약소국뿐만 아니라 강대국에게도 '균형'이나 '자조'만이 아니라고 주장한다. 국가들은 때로 위협을 무시하거나 몸을 낮춰 위협으로부터 '숨기(hiding)'도 하고, 상황 인식을 바꿔 위협을 초월(transcending)하기도 한다. 또 다른 전략으로 강대국에 '편승'하여 생존을 추구하고 이득을 꾀하기도 한다.[38]

유럽 근대사 등 역사 속에는 '편승'이 '균형'보다 더 자주 일어나는 행위로 특히, 약소국에서 두드러지게 나타난다고 본다. 1684~1945년에 유럽의 국가들, 특히 약소국은 자조전략을 감당할 수 없는 경우가 더 많았으며, 편승전략을 더 선호하고 자주 사용하였다. 이는 자조나 균형, 이외에도 생존 방법이 있다는 것이다. 그리고 제1차 세계대전에서도 이탈리아, 불가리아 등은 편승전략을 취하였고, 승리자와 편승을 더 선호하며, 제2차 세계대전에서도 동유럽과 서유럽의 편승은 더욱 확대되었다.[39]

따라서 세력균형이론은 국가에 대한 전제로부터 시작되며, 국가는 단일주체로서 협의로는 자조를 광의로는 세계지배를 추구하고, 국가 단위의 행위와 상호작용으로 이루어지는 세력균형이론은 그들 행위에 근거한다고 본다. 결국 국가가 자조의 행동을 하지 않는 경우 국제체제는 작동하지 않을 것이며, 세력균형이론은 개별 국가의 구체적인 정책을 설명하지 못한다는 것이다.

그리고 세력균형이론은 냉전 종식 이후 일어나고 있는 국가들의 국력 변화와 그에 따른 국제체제 변화, 국가들의 분쟁 가능성 등을 역동적으로 잘 설명하지 못하고 있으며, 21세기로 접어들면서 국가 들의 국력 변화로 인한 동적(dynamic) 국제체제 상황에서 일어나는 국제정치 현상을 설명하는 데 한계성을 드러내며 세력전이이론(power transition theory)이 더 적합하다는 주장도 있다.[40]

세력균형이론을 제일 먼저 비판한 오르갠스키(A. F. K. Organski)는 그의 저서 *World Politics*에서 세력균형이론의 가정 중 동맹관계와 국력 증대에 관한 가정이

지나치게 비현실적이라 지적한다.[41] 산업혁명을 거치면서 각국의 산업화, 근대화의 수준 차이에 따라 국력 성장 속도가 상당한 차이를 나타내면서, 세력균형이론에서 주장하는 외적수단(동맹 등)에 의한 국력 증대보다 내적수단에 의한 국력 증대 효과가 월등하다고 본다. 산업화 이전에는 대부분의 국가들이 농업 경제를 바탕으로 성장하였기 때문에 국가들의 상대적 국력의 변동은 쉽게 찾아볼 수가 없었으며, 이러한 정적인(static) 체제에서는 단기간에 국력을 증대시키기 위해 주변 국가들과 동맹을 맺는다든지, 경쟁 국가의 기존 동맹관계를 와해시킴으로써 상대적 국력의 증대를 꾀할 수 있다고 본다. 그러므로 세력균형이론은 유럽의 산업화 이전에 일어난 국제정치와 체제 내 주요 행위자들 간의 전쟁 원인 등을 설명하는 데는 무리가 없는 이론이라고 평가한다.

그러나 산업혁명 이후 국가들의 국력 변동이 심한 역동적인(dynamic) 체제를 설명하는 데는 세력균형이론이 적합하지 않다고 주장한다. 산업혁명 이후의 국제정치 현상을 설명할 수 있는 이론의 필요성을 강조하고, 세력전이이론이 더 적합하다고 본다. 세력균형이론은 국가가 힘의 극대화를 추구한다고 가정하지만, 세력전이이론은 국가가 안보 극대화를 추구한다고 가정한다. 국가의 위험부담 경향과 관련된 가정에서도 차이가 있다. 세력균형이론은 국가가 위험부담을 꺼린다고 가정하지만, 세력전이이론은 국가가 위험부담을 마다하지 않는다는 가정을 바탕으로 국제체제를 어느 정도 질서가 내재한 피라미드 형태의 위계체제(hierarchy)로 본다.[42] 그리고 국제정치를 분석하는 틀에 있어서 세력균형이론은 힘의 분포라는 '기회(opportunity)'만을 강조하지만, 국제 위계질서에 대한 불만족도인 '의지(willingness)', 상대적인 국력 변화에 대한 '인식(perception)'을 포함한 3가지를 종합적으로 분석할 필요가 있다고 강조하며, 힘이 동등하고 불만족도가 클수록 전쟁의 가능성을 증가시키는 요인이 된다는 것이다.[43]

그리고 국제정치 모델로서도 산업혁명 이후 국제체제에서 힘의 변화와 전쟁의 원인을 설명하는데 제한된다고 주장한다. 쿠글러(Kugler)는 전쟁의 원인을 경험적으로 검토하기 위해 전통적으로 제시되어 온 3가지 모델인 세력균형(balance of power), 집단안보(collective security), 세력전이에 대해 소개하고 어떤 모델이 가장 적절한지를

검토하였다.[44]

　세력균형모델은 강대국 간, 혹은 주요 동맹 간 힘의 분포가 균등해야만 평화가 지속될 것이라고 본다. 이는 곧 비대칭적 힘의 분포가 전쟁의 가능성을 높일 것이라는 주장으로 힘이 강한 국가는 자신의 우월한 힘을 이용하여 약한 국가를 공격할 것이라는 논리이다. 따라서 국가가 자신의 힘을 최대화할 것이라고 전제하며, 또한 국가들의 자원 축적 수단이 대개 동맹을 통한 것이기 때문에 세력균형 유지에 동맹이 필수적인 기제라고 본다.

　두 번째 모델인 집단안보모델은 힘의 배분이 어느 한쪽으로 쏠려 있어야 평화가 유지된다고 보며, 반대로 비슷한 힘의 분포는 전쟁을 야기시킬 수 있다고 본다. 이 모델은 먼저 공격국의 식별이 확실해야 하고, 모든 국가들이 평화를 직접적인 목표로 삼으며, 자발적 작동 의무를 띠고 있는 동맹이 필수적이어야 한다고 본다.

　세 번째 모델인 세력전이모델은 균등한 힘의 분포가 전쟁의 가능성을 높일 것이며, 반대로 평화는 국가 간 힘의 불균형에 의해 유지될 것이라 본다. 전쟁을 시작하는 공격국은 소수의 불만족 강대국들 사이에서 나타나며, 강한 국가보다는 약한 국가가 공격국이 될 가능성이 높다. 또한 국가 간 서로 다른 성장 속도에 의해서 힘의 분포가 변한다고 보며, 자원을 추출하는 데 있어 경제적 생산성과 정치체제의 효율성이 매우 중요하며, 국가마다 이것이 다르기 때문에 국력의 차이가 발생하는 것이다.

　쿠글러는 이 3가지 모델을 검토하여 결론으로 3가지 모델 중 세력전이모델이 전쟁을 설명하는 적절한 모델임을 주장한다. 전쟁의 기제로 지배국과 도전국 간의 성장 속도를 주장한다. 성장의 상대적인 속도에 있어 한 국가가 다른 국가들을 압도할 때 전쟁 발생 가능성이 높으며, 이러한 불안정과 그 결과로 일어나는 체제 내 강대국 전쟁은 지배국에 의해 그들이 제공받고 있는 것과 불일치, 즉 불만족이 발생할 때 야기된다고 본다.

　그리고 세력전이이론이 산업화를 통한 내적 발전을 국력의 원천으로 상정한다는 점에서 세력균형이론에 비해 국력의 변화하는 속성을 잘 포착한 동적(dynamic) 이론임에도 불구하고, 세력균형이론에서 주장하는 국력의 주요 원천 중 하나인 동맹이라는 외적 발전을 무시한다는 점에서 한계가 있다고 주장한다. 국력측정에 있어 동맹이라는 외적 요인을 포함하여 기존 세력전이이론의 가정을 완화(relax)하여, 수정된 (revised) 세력전이이론인 동맹전이(alliance transition theory)이론을 주장하기도 한다.

기존 세력전이이론이 산업화 이후의 현상만 설명하던 한계점을 보완하여 산업화 이전의 전쟁 발발 가능성에 대한 설명을 확장 시켰다.[45] 그리고 1860~1993년간 동아시아에서의 전쟁 발생을 연구하여 수정세력전이이론(동맹전이이론)으로 유럽 중심 국제체제에서의 강대국 간 충돌뿐만 아니라, 약소국을 포함하는 동아시아 지역체제에서도 적용 가능함을 주장한다.[46]

이렇게 세력균형이론이 비판받은 근본적인 이유는 비일관성(inconsistency)에 대한 문제이다. 이 이론이 과거에서부터 현재까지 국제정치 현상을 지속적이고 반복적으로 설명하고 있지 못하다는 점이다. 세력균형이론에 의하면 무정부의 국제사회에서 국가 간 힘의 균형을 이루기 위해서는 행동 주체인 국가가 끊임없이 행동해야 한다. 이를 바탕으로 형성된 힘의 균형을 통해 전쟁이 방지되고 평화가 유지된다.

하지만, 제1, 2차 세계대전, 냉전시기를 보면 이 이론대로 힘의 균형을 유지하기 위해 끊임없는 국가행동과 그 결과로 평화와 전쟁에 대한 상관관계를 일관성 있게 설명하지 못한다고 본다. 특히, 냉전의 평화적 종식과 미국 중심의 단극체제는 너무도 강력한 미국의 힘에 도전하여 새로운 세력균형 자체의 형성이 어렵다고 보기도 한다. 그리고 소련이 붕괴되고 미국과 소련이 힘의 균형을 잃었다면 미국은 소련을 공격했어야 하나, 지금까지도 전쟁의 가능성은 희박해 보인다는 것이다. 비록 월츠는 예외적 상황은 규칙화하는 데 주요한 요소가 아니라 주장하지만, 미국 중심의 단극체제는 더 이상 세력균형을 이룰 수 없는 체계라는 것이다.[47]

그리고 미어샤이머는 17세기 영국과 19세기 미국이 세계의 강대국으로 존재하며 대륙의 국가를 정복하지 않은 이유를 각국이 모두 해양국가로 역외균형자(off-shore balancer)로서 역할을 했다고 보았고, 일본이 대륙을 침략한 것은 예외적인 상황으로 보았다는 것이다. 결국 이러한 비일관성의 문제는 미래에 대한 전망과 예측을 어렵게 하기 때문에 정책으로 채택될 수 없다는 것이다.[48]

그리고 모호성(ambiguousness)의 비판은 세력균형이론 개념 자체의 모호성이다. 세력균형의 의미는 한 체제 내 국가들의 국력이 고른 분포나 체제의 안정 자체를 의미하기도 하는 등 모겐소는 4가지,[49] 하아스는 8가지 이상의 다양한 의미를 가지고 사용되어왔다. 이러한 다양한 의미는 최종적으로 추구하는 목적과 방법 등 그 개념 자체를 모호하게 만든다고 보는 것이다. 즉, 세력균형의 목적이 생존이 목적인지, 균형이 목적인지도 불명확하게 만들기도 한다는 것이다. 세력균형이론이 추구하는 목적이 생존이라면, 또 그 생존을 위한 방법이 균형을 추구하는 것이라면, 모든 국가들은 균형만을 추구해야 한다는 현실성이 떨어지는 또 다른 모호성을 발생시키기도 한다.

국가는 무정부상태의 국제질서에서 생존을 위하여 행동하는 주체이므로 세력균형을 추구하는 최종적인 목적은 생존을 위한 것으로, 자구적 노력으로 생존이 어려울 경우 국가는 타국과의 일시적인 협력(동맹, 편승 등)을 통하여 생존을 추구하기도 한다는 것이다. 이처럼 국가는 끊임없이 힘의 증강만을 추구하지는 않으며, 미국과 소련이 핵군축을 하기도 하고, EU와 같은 협력을 추구하기도 한다. 그리고 제2차 세계대전 당시에는 독일과 소련은 폴란드를 분할 점령하기 위하여 협력하기도 하였다.

한편 과학적인 측면에서의 비판은 대체적으로 힘의 정의와 측정에 대한 비판이다. 이 측면이 앞의 이론적 비판보다 더 근본적인 원인일 수도 있을 것이다. 왜냐하면 세력균형이론에서 '힘(power)'에 대하여 정확히 정의되거나 국제사회에서 인정되는 합의가 없고, 일관성 있는 분석이 부족하기 때문이다.

먼저 월츠의 이론은 추상적 개념으로 세력균형이론을 다루었다는 것과 이론의 접근법에 대하여도 비판을 받기도 한다.[50] 월츠는 세력균형이론을 정립하면서 자연상태는 무정부상태로 전쟁이 언제든지 발생 가능하며, 무력사용의 회피가 불가하기 때문에 국가 간 생존의 수단으로 자기보존을 위한 물리적 힘의 보유는 필수적이라 본다. 힘의 핵심으로 경제력과 군사력을 강조하며, 이 두 요소가 국제체제 구조에서 어떠한 영향(effect)을 미치는가에 대해 설명하기도 한다. 하지만, 국가의 힘에 대하여 구체적으로 설명하지 않고, 추상적 개념으로 '국가능력(capability of state)'으로 표현하기도 한다.

결국 추상적인 개념이라는 비판은 힘이나 국가이익과 같은 핵심개념을 선험적(先驗的)으로 전제하여 대체성(fungibility)을 가정함으로써 국제체제의 다양한 영역에

각기 다른 의미로 사용되었다는 것이다. 그리고 월츠는 이론의 접근법이 과학적이었다고 주장하지만, '국제정치적 과학실험'을 연상시키는 몰역사적(ahistorical) 접근이라는 비판을 받기도 한다. 그리고 경험적 자료에서 구체적인 세력균형의 사례와 그 결과에 대한 경험적인 제시를 하지 못하고 있다.

강대국에 대하여 논하면서 강대국의 조건과 자료(data)를 제시하지 못하고 있다. 예로, 제2차 세계대전 이전의 동맹국들이 상호 의존적 경향이 컸던 이유가 동맹국의 힘이 유사하기 때문이고, 또한 동맹국의 패배와 이탈이 세력균형을 깨뜨린 것이라고 하지만, 어떤 균형이 어떻게 유지되고 변경되었는지는 추상적이라고 할 수 있다. 결국 힘의 정의와 요소에 대한 구체적 정의와 측정방법 없이 국가의 '힘'이 막연하게 개념에서 다루어졌고, 과학적 비교의 불가로 인해 추상적이고 모호한 개념차원에서 언술로 설명이 이루어질 수밖에 없는 것이었다.

그리고 미어샤이머는 월츠의 개념을 수용하며 좀 더 구체적으로 힘의 요소를 제시하고, 육군력의 중요성을 강조하며 군사력을 국가의 핵심으로 보며 강대국의 능력을 비교하려 하였다. 국가행동에 영향을 주는 힘은 군사력(military power)이며, 해군력(naval power)이나 공군력(air power)이 아니라 육군력(power of army)이라 보았고, 육군력의 결정은 문화, 정치체계, 국민성 등의 요인보다 국가의 인구 규모에 의해 결정된다고 보았다. 그리고 1960년대는 경제력을 철강 생산력과 에너지 소비량, 1960년 이후에는 국민총생산(GNP)을 기준으로 강대국을 파악하려 하였다.[51]

미어샤이머도 힘을 군사력으로 보았지만, 육군력에 집중하여 해군력과 공군의 중요성을 간과하고 있다고 비판받기도 한다. 그리고 일본, 독일, 소련, 이탈리아, 영국, 미국 등 강대국을 중심으로 국가행동을 살펴보았기 때문에 시대적으로 국제체제를 구성하는 국가들의 상대적인 힘의 비교나, 힘의 변화에 대한 일관성 있는 분석이나 근거를 제시하지 못한다. 힘의 측정은 시대적으로 국제체제에서 국가가 경제적으로 차지하고 있는 비중과 육군의 병력을 이용하여 패권국인지 강대국인지를 판단한다.

결국 육군의 병력이 군사력의 순위로 결정되고 힘의 우열이 결정된다고 할 수 있다. 따라서 미어샤이머는 육군력을 국가행동의 변수로 보고 월츠보다 과학적으로 설명하고자 했다는 점에서 기존연구의 한계를 극복하려 하였다. 그러나 육군병력에 중심을 둔 군사력의 수준과 강대국의 행동을 설명하는 데는 한계가 있고, 결국 개념적 수준의 설명에 치중할 수밖에 없다.

예로 1930년대 유럽 국가의 육군 병력에서 소련이 100만을 넘어서는 최대 강대국이었고, 프랑스와 독일은 70만 수준을 영국은 20만 수준을 유지하고 있었다는 사실에 대해 미어샤이머는 1939년 독일이 잠재적 패권국이 아니었고, 소련과 프랑스가 독일에 대응할 수 있는 수준으로 균형을 위한 연합이 형성되지 않은 이유에 대해 설명하고 있다.[52] 이러한 설명은 어느 정도의 수준이 균형이고 위험한 수준인지를 설명할 수 없고, 영국은 강대국으로 분류하기 어렵다고 생각할 수도 있을 것이다. 따라서 육군의 병력으로 힘의 측정과 세력균형을 설명하는 것은 더 많은 모호성을 증가시킨다고 할 수 있다.

결국 세력균형이론에 대한 근본적 비판의 원인은 일관성 있는 과학적인 자료의 경험적 분석과 기준 제시가 부족하여 발생하였다. 과학적인 분석의 부족은 '힘'을 개념적 수준에서 추상적으로 언급해야 하고, 그 추상적인 힘을 국가 간에 상대적으로 비교하여 역사적으로 설명하려 하니 더욱 개념이 모호해져 일관성이 떨어지며 언술에 의존할 수밖에 없다고 볼 수 있다.

따라서 국제체계의 현상에 관한 이론을 과학적 분석을 통하여 검토하기 위해서는 보다 많은 노력이 필요하다. 비록 어렵지만, 구체적인 힘을 정의하고 그 힘을 측정하여 상대적으로 비교하여 역사적인 사건을 분석한다면, 현상을 더욱 잘 기술하고 그에 대한 예측 가능성도 증대시킬 수 있을 것이다. 이와 같은 과학적 접근은 세력균형이론의 모호성을 줄이고, 개념을 구체화함으로써 현실 정치를 더 잘 설명할 수 있을 것이다.

세력균형이론에서 군사력의 의미와 힘의 추구방법

1 군사력의 의미

현실주의에서 국가의 생존을 위하여 힘의 추구를 주장하지만, 힘의 종류와 추구하는 힘의 수준에 대하여서는 의견이 다소 상이하다. 하지만, 전반적으로 힘의 핵심으로 군사력(military power)을 포함하며, 힘의 추구에 있어 모겐소, 길핀(Robert Gilpin), 스웰러 등은 힘의 극대화를 추구하며, 왈츠 등은 적정 수준에서의 힘의 추구를 주장한다.[53]

모겐소는 국가의 힘에는 다양한 차원이 존재하고 힘의 중요성을 강조하지만, 힘이 무엇인지에 관해 명확한 답을 내놓지 않는다. 힘을 개념적으로 '인간을 통제하는 힘'과 같이 '다른 국가의 행동을 지배하는 능력'이라 정의하며, 힘은 그 자체로 가치를 지닌다고 본다. 그리고 국제정치에서 군사력은 국가 힘의 명백한 요소(obvious measure)이며, 그 시현(demonstration)은 타 국가에 강력한 영향을 미친다고 본다.[54]

왈츠는 적정수준의 힘을 주장한다. 세력균형의 정치는 위험하지만, 무시도 여전히 위험하며, 세력균형이 존재하는 상황에서 안전(safety)뿐만 아니라 평화(peace)를 희망하는 국가가 힘이 너무 강해도 혹은 너무 약해도 안 된다고 본다. 한 국가의 평화전략(peace strategy)은 모든 다른 국가들의 평화 또는 전쟁 전략에 따라 수립되어야 하며, 너무 약하면 잠재적 적국을 강하게 만들고 너무 강하면 잠재적 적국을 위협하기 때문이다. 무정부적인 국제 경쟁체제에서 평화 지향적 국가의 국력은 너무 약하지도 않고, 너무 강하지도 않은 균형이 필요하다고 주장한다.[55] 이 의미는 너무 강하지도 너무 약하지도 않은 적정의 군사력 수준을 유지할 필요성을 강조하는 것이다. 그러나 아주 추상적이며 모호한 개념이지만, 적정 수준의 군사력은 약하지도 너무 강하지도 않은 수준으로 군사력의 균형 수준을 의미한다고 할 수 있다.

미어샤이머는 세력균형에서 힘이라는 것이 포괄적인 개념이지만 가장 중요한 핵심 요소가 군사력이라 보며, 특히 타국을 점령할 수 있는 지상군의 중요성을 주장한다. 여기에 근거하여 강대국의 기준을 상대적 군사력(relative military capability)에 기초한다고 본다. 이 군사력은 세계에서 가장 강력한 국가에 대항하여 전면적인 재래식 전쟁을 수행할 수 있는 충분한 군사적 자산(military assets)을 보유해야만 한다. 강대국 후보 국가가 반드시 우위의 국가를 패배시킬 수 있는 능력을 보유할 필요는 없지만, 우위의 국가를 심각하게 약화 및 소모시킬 수 있는 능력은 보유해야 한다. 그리고 강대국은 핵 억지력을 가져야 하며 핵 패권국이 등장한다면 재래식 힘의 균형은 무의미하다고 주장한다.[56]

또한 군사력 운용에 대하여 방어적 현실주의자(defensive realist)는 위협을 받는 국가는 침략국에 균형을 유지하려 하고 궁극적으로 격멸하려 하며, 공격-방어 균형은 방어가 유리하며 정복은 어렵고 파멸 가능성이 있기 때문에 세력균형에 만족해야 한다. 1815년부터 1980년까지 63회의 전쟁이 있었으며, 전쟁을 시작한 국가가 39회의 승리로 승률이 60%였다.[57] 이렇듯 미어샤이머도 힘의 개념이 포괄적이지만, 세력균형이 이루어지지 않는 상황에서 군사력의 균형은 다른 요소보다도 중요하다는 것을 강조하고 있다.

그리고 적정의 군사력 규모에 대하여 인용되고 있는 이론이 기꾸찌 히로시가 분석한 이론인데, 기꾸찌 히로시는 육전과 해전의 전투력을 Fisked의 이론[58]과 란체스터 이론[59]을 이용하여 분석하였다. 특히 이 분석은 전투 교전에 중심을 둔 전투력의 분석으로 전쟁의 의미보다 전구(theater) 또는 전투(battle) 차원의 전투력을 비교함으로써 전체적인 군사력의 수준을 묘사하고 있다.

육전은 이또오(伊蘇政之助)의 『戰爭史』 등 다양한 사료를 이용하여 359회의 육상전투를 기본으로 하여 전투의 중심을 병력, 화력, 전차 등에 두고 그 수량을 대비하여 분석하였다. 병력비에서 10대(對)7 이상의 경우 백중세가 19~21%, 상대 군사력이 60% 이하일 경우 승리 확률은 68~78%, 열세 군사력의 승리 확률은 19~28%이며, 백중세는 5% 이하라고 분석했다. 다수 측이 승리할 확률은 67%, 소수 측이 승리할 확률은 22%, 백중세는 22%로 분석하였다. 그리고 해전의 경우 총 82회의 해전 사례를 통하여 분석하였는데, 10대(對)7일 경우에 백중세가 19%였으며, 상대적 군사력이 60% 이상의 경우 승리확률은 64~83%, 열세 군사력이 승리할 확률은 36% 이하였으며, 백중세는 발생하지 않았다고 분석하였다. 다수 측이 승리할 확률은 59%로 육전보다 낮게 나타났고, 백중세는 12%에 불과했다.

이러한 결론을 바탕으로 군사력의 전략적 운용에 대한 중요성을 강조하였다. 군사력이 60% 이하의 경우는 전쟁을 피하고 수세전략(守勢戰略)이 이롭고, 70% 이상인 경우 분산(分散), 집중(集中) 전략으로 적극적으로 적을 각개격파(各個擊破)하는 것이 이롭다.[60] 국가의 행동이 힘에 의해 결정되고 그 힘의 기본은 군사력이며 전투력이라 보았다. 그리고 국제관계에서 힘의 균형이나 우위를 위해 군사력이 작은 국가의 전략은 타국과 동맹 등에 의한 동맹적 안전보장으로 군사력을 상대적으로 우위 또는 균형을 유지 시키려고 노력한다.[61]

케네디(Paul Kennedy)는 경제력과 군사력의 상관관계에서 경제력은 주요한 요소로 생산능력이 한 번 향상된 국가는 평화 시에 대규모의 군사력을 유지하고, 전시에 대규모의 육군과 함대 지원이 쉬워진다고 본다. 따라서 부(wealthy)는 군사력 유지에 필요하며, 역으로 군사력은 부를 보호하는 데 필요하다. 그러나 국가의 부를 군사력 목적에 많은 비중을 할당하는 것은 장기적으로 국가의 힘을 약화시키는 결과를 초래한다고 주장한다.[62]

그리고 국가안보의 정책적 측면에서 세력균형은 잠재적인 적대관계에 있는 국가 또는 국가군이 군비상의 균형을 유지함으로써 상호 간에 공격할 수 없는 상태를 조성하고, 그것에 의해서 안전을 도모하려는 것이다. 이러한 방식은 전쟁 그 자체를 부정하려는 것이 아니라, 전쟁의 희생이 너무나 크기 때문에, 다만 군사적으로 승패의 확률을 반반으로 만들어 놓음으로써 경솔하게 전쟁을 수단으로 사용할 수 없도록 하는 것일 뿐이기 때문에 세력균형이 조금이라도 무너지면 언제라도 전쟁으로 돌입할 수 있는 가능성이 내재하고 있다.[63] 세력균형에서 군사력의 역할을 '무력의 사용 또는 사용위협을 통하여 타국으로부터 어떠한 의지의 강요를 받지 않을 정도의 힘의 균등 또는 분배 관계'로 정의할 수 있으며, 균형유지 방법으로는 자국 군사력의 증강, 상대국 영토의 정복, 군사동맹 또는 군사협력의 체결 등 다양한 방법이 있다.

이렇듯 군사력은 국가의 핵심적 힘으로 전쟁에서 군사력이 무력의 직접적인 수단으로 국가생존의 직접적인 요소로 작용하고, 군사력의 불균형은 어떠한 다른 힘의 불균형보다 국제사회에서 위협적이라고 할 수 있다. 그리고 웨그너(Harrison R. Wagner)도 군사력을 형성하는 국가의 자원(source)은 부(wealth), 영토(territory), 인구(population), 기술(technology)로 보았으며,[64] 군사력이라는 힘이 짧은 시간 내에 급진적으로 증가하거나 감소되기 어렵고, 장기적으로 국가의 정치, 경제, 문화 등 다양한 요소에 따라 결정되고, 변화되는 특징으로 국가의 군사력은 현실적 힘이라고 할 수 있다.

결국 세력균형에서 군사력은 국제체제에서 국가가 생존하기 위한 자기방어의 핵심적 힘을 의미하며, 국제관계에서 힘의 균형은 군사력의 균형을 의미한다고 할 수 있다.

❷ 힘의 추구방법

힘의 핵심이 군사력이라는 측면에서 힘의 추구방법은 국가가 생존을 위한 힘, 군사력을 강화하는 방법을 의미한다. 국가의 군사력을 강화하는 방법으로 국가를 단위로 내부적인 방법과 외부적인 방법으로 나누어 생각할 수 있다.

현실주의자들은 스스로 힘의 증강만이 무정부상태의 국제체제에서 불안전으로부터 자신을 보호할 수 있는 유일한 수단이라고 보고 있으며, 동맹 등과 같은 힘의 협력은 불신으로 이루어진 국제체제에서 일시적인 현상으로 완전한 자기생존을 보장할 수 없다고 보고 있다. 따라서 현실주의에서 힘의 증강 방법은 자국의 군사력 증강과 국가 간의 동맹 등 협력으로 볼 수 있으며, 이러한 힘의 추구 목적은 세력균형으로 귀결된다고 할 수 있다.

먼저 국가의 내부적 힘의 강화 방법으로 자국의 군사력 증강은 월츠나 미어샤이머 등 대부분 현실주의자들이 주장한 것처럼 필수적이다. 현실주의자들은 자기보존을 위한 방법으로 힘의 증강을 가장 우선시하고 있다. 그리고 안보적 측면에서는 자주국방을 의미하는 것으로 외부위협으로부터 자신의 국가안보를 지킬 수 있는 가장 신뢰할 만한 안보수단으로 보며, 이러한 능력을 확보하기 위해서는 그만큼 국가 재원의 투자가 필요하고 부담도 커진다.[65] 자체의 국력 증진의 방법을 내적균형, 이와 상대적으로 동맹 등을 외적균형이라고 한다.[66]

역사적으로 대부분 국가가 군사력을 증강하였으며, 군사력의 감소는 제1, 2차 세계대전의 패전국인 독일이나 제2차 세계대전의 패전국 일본이 전쟁 발발의 책임과 국제사회의 강압에 의해 일정 수준 이하의 군사력을 일시적으로 유지하였지만, 일정 기간이 경과 후 국제 제제가 약화되고 다시 군사력을 증강하였다.

그리고 국제체제의 힘의 분포 변화로도 힘의 변경이 발생된다. 국가생존의 전략으로 공갈협박(blackmail), 미끼와 먹이(bait and bleed), 희생양(bloodletting), 균형과 책임전가(balancing and buck-passing), 유화(appeasement), 편승(bandwagoning), 무임승차(free-ride) 등이 있다. 이러한 방법은 국제체제에서 국가들이 생존을 위하여 인위적 또는 자연적으로 발생되는 현상이라 볼 수 있으며, 힘의 분포를 자국에게 유리하게 하는 전략적 힘의 추구 방법이라 할 수 있다.

그리고 외부적 힘의 강화 방법으로 동맹이나 협력은 일시적인 방법에 지나지 않는다고 월츠는 주장하지만, 모겐소는 동맹(alliance)은 다국가체제에서 세력균형을 작동하는 필수적 기능(function)이라고 주장한다.[67] 동맹은 세력균형 그 자체를 목적으로 보기도 한다. 근대 국제정치에서도 동맹을 맺는 가장 중요한 이유가 세력균형이며, 동맹의 출발 시점을 30년 전쟁 이후 웨스트팔리아조약(Peace of Westphalia)으로 보기도 한다.

프랑스가 세력균형의 발로에서 다양한 동맹을 추구하였고, 17세기 말부터 수차례 전쟁을 거치면서 친구와 적이 되는 동맹의 유연성이 세력균형의 전형이 되었다고 보기도 한다.[68] 그리고 안보적 측면에서 한 국가가 자신만의 군사력으로 국가안보를 확실히 하기 어려운 경우 우선적으로 고려하고 선택하는 안보수단이라고 보기도 한다.[69] 그리고 동맹의 유형을 방위조약(defense pact), 중립조약(neutrality pact), 협상(entente) 등으로 분류하기도 한다.

세력균형이론과 군사력의 상관관계

1 세력균형과 군사력

세력균형이론에서 '세력', 즉 '힘'이란 포괄적인 개념으로 정치, 경제, 문화, 국토, 인구, 군사력 등 국가의 다양한 능력을 포함하는 종합적인 의미를 내포하고 있다. 그중에서도 군사력은 무정부상태의 국제체제에서 국가생존의 무력 수단이자 정치 수단이다. 클라우제비츠(Carl von Clausewitz)는 전쟁 승리의 요인으로 국민, 정부, 군대 삼위일체를 주장하며 군사력를 핵심 요소로 간주한다.[70] 그리고 군사력은 실질적인 힘의 투사(projection)와 힘의 현시(present) 등으로 국가정책을 지원한다. 군사력이 힘의 핵심 독립변수로 세력균형의 핵심적인 요소로 균형의 효과를 나타내며, 국제관계에서 궁극적인 힘으로 간주되어 왔고 국제적 대립과 격렬한 투쟁이 힘을 바탕으로 이루어져 왔기 때문이다.[71]

그리고 군사력은 전쟁에 관한 국가의 직접적인 무력 수단이며, 특히 무정부상태의 국제질서에서 자기보존의 직접적인 수단이다. 비록 정치, 경제, 문화 등의 다른 요소도 중요하지만, 직접적인 무력의 수단으로 힘을 발휘할 수 없으며, 무력으로 전환되기 위해서는 일정한 기간(period)이나 전환 방법 등이 요구된다. 따라서 군사력에 비해 다른 정치, 경제, 문화 등의 힘은 군사력을 지원하기 위한 부차적인 힘이라 할 수 있다. 이러한 이유에서 국가 간에 군사력의 균형은 세력균형의 직접적이고 핵심적인 요소라 할 수 있으며, 군사력의 균형이 다른 힘의 변화를 충분히 통제 가능하다.

예로 과거 군사력의 균형상태에서 경제력의 불균형 상태가 발생한 역사적 사례도 있다. 냉전시기에 미국과 소련의 경우 미국이 경제력에서 소련에 비해 월등히 앞서 있었지만, 군사력에서는 미국과 소련은 균형을 유지하고 있었다. 비록 경제력이 힘의 주요한 요소이기는 하지만, 우선적인 힘의 균형은 군사력에 의해 좌우되었다. 정치, 경제, 문화 등은 포괄적인 범주에서 다양한 힘의 종류라고 할 수 있으나, 군사력이 힘의 균형을 유지하는 상황에서 통제될 수 있는 요소로 볼 수 있다.

국가의 핵심 힘을 군사력으로 가정하여 세력균형이론을 개념적으로 표현하면 [그림 1]과 같다.

그림 1 세력균형과 군사력과의 개념적 상관관계

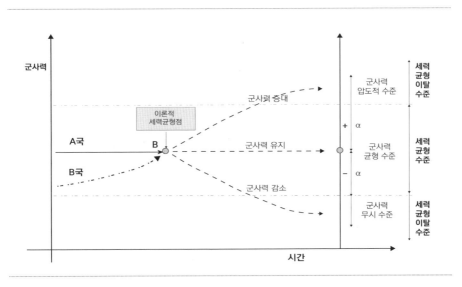

양국이 이론적으로 정확히 일치하는 대등한 힘을 가진 지점이 이론적 세력 균형점이고, 이 균형점을 중심으로 일정 범위(range)에 있으면 힘의 분포가 균형상태이고, 이 상태를 벗어나면 불균형 상태라 할 수 있다. 국가들은 이 힘의 균형을 유지하기 위하여 끊임없이 군사력 증강, 동맹, 편승 등 다양한 국가행동으로 안전을 추구한다.

군사력은 전통적으로 육군, 해군, 공군으로 대변된다. 대륙국가 또는 해양국가에 따라 육군 또는 해군력 증강에 집중하기도 한다. 그리고 전통적 군사력을 비교하는 수

단으로 총병력, 군함 척수 및 톤수, 전투기, 미사일, 전차 등 다양한 무기체계 등을 사용한다. 특히 과거 제1, 2차 세계대전에서는 육군의 병력, 해군의 총톤수 등이 주요 군사력으로 사용하기도 하였고, 현대에도 다양한 분야에서 이용되고 있다. 제1차 세계대전 이후 독일 육군의 10만 이하 유지와 워싱턴 해군조약(1921), 런던해군조약(1930) 등에서 톤수를 해군력의 기준으로 사용하였다.

그리고 제2차 세계대전 이후 절대무기(absolute weapon)로 간주하는 핵무기에 관한 논의이다. 핵무기가 전쟁 방지와 억제로 평화에 공헌이 가능하다는 낙관론과 무력 사용과 분쟁 가능성이 증대된다는 비관적 주장이 있다. 개디스(John Lewis Gaddis)는 오랜 평화(long peace)의 여러 요인 중 하나로 핵무기의 존재를 주장한다. 양극체제에서 핵무기의 보유가 국가들에게 신중함을 주고, 분쟁들이 큰 전쟁으로 확대되지 않았다고 주장한다.[72]

미어샤이머 역시 핵무기의 존재가 평화를 위한 강력한 힘으로의 역할을 한다고 주장한다. 핵 억지는 적대국이 자국에 대한 선제공격을 감행할 때 얻는 이익보다 손실이 훨씬 더 클 것이고, 전쟁에 대한 비용과 위험이 크면 클수록 억지를 통해 평화에 공헌할 수 있다고 주장한다. 냉전시기 '상호확증파괴(MAD, Mutual Assured Destruction)'전략 등은 오판의 문제를 완화할 수 있었다고 본다.[73] 월츠 역시 두 국가가 핵무기를 보유하면 전쟁의 가능성은 급격히 감소한다는 전쟁 억지론을 주장한다. 핵무기 보유(확산)로 재래식 무기로는 얻을 수 없었던 지역 안정을 얻을 수 있다고 본다.[74]

반면, 세이건(Scott D. Sagan)은 두 국가 중 한 국가만 핵무기를 보유할 경우 전쟁의 가능성이 커진다는 핵확산에 대한 비관적 주장을 한다.[75] 나이(Joseph S. Nye Jr.) 역시 핵확산에 대해 비판적이다. 핵확산 허용에 대한 오판이 금지에 대한 오판의 경우보다 비교할 수 없을 만큼 크기 때문에 핵확산 금지를 위해 노력해야 한다고 주장한다.[76]

라우차우소(Robert Rauchhaus) 등 학자들은 핵무기 평화이론, 즉 핵무기와 전쟁 가능성에 대해 양적으로 접근하여 이런 주장들을 뒷받침하였는데, 낙관론자들이 주장하는 상호 간에 핵무기를 보유한 경우 전면전(major war)을 감소시킨다는 이론과 비관론자들이 주장하는 핵의 비대칭상황에서 위기와 무력 사용, 충돌과 전쟁의 가능성이 높아진다는 이론을 연구하였다.[77]

② 세력균형과 국가행동

세력균형이론에서 국가는 생존을 위해 적정의 힘, 즉 힘의 균형을 추구한다고 본다. 균형범위가 벗어난 불균형을 이루는 압도적 수준과 무시 수준의 군사력을 보유한 국가도 존재한다. 이 경우 압도적 군사력을 보유한 A국과 무시 수준의 군사력을 가진 B국이 취할 수 있는 국가행동으로 A국이 B국을 공격하여 B국을 점령하거나, B국이 A국과 힘의 균형회복을 위한 군사력을 증강하는 행동이다. A, B의 국가행동에서 B국이 군사회복에 실패한 경우 B국의 생존은 위협을 받게 된다.

B국의 힘의 회복 방법은 국내적 요소와 국외적 요소로 나누어 찾을 수 있으며, 국내적 요소는 군사력 회복에 필요한 정치, 경제 등 다양한 요소에 달려 있다고 할 수 있다. 특히 경제력이 가장 주요한 요소가 될 가능성이 높다. 그리고 B국이 내부적 요소, 즉 자력으로 군사력의 확충이 불가할 때는 외부적 힘의 확충을 찾을 수밖에 없을 것이며, 외부적인 방법으로는 군사적 동맹이나 협력이 가능한 C국의 존재 여부에 달려 있다.

하지만 C국의 존재는 슈만이 주장했던 것처럼 여러 가지 형태의 국가 간에 복잡한 상호작용이 작용할 가능성이 있으며, C국이 강대국이냐 약소국이냐에 따라서 행동이 달라질 수 있다. 어떠한 상황이든 B국은 힘의 회복을 위해 선택해야만 한다. 그리고 A국의 경우 압도적 군사력을 보유한 상태에서 계속해서 군사력 증강은 불필요한 낭비로 또 다른 위기의 초래 가능성도 있으며, B국을 굴복시키는 방법이나 균형을 추구하는 힘의 추구를 찾아야 한다.

세력균형이론에서 국가의 힘을 추구하는 방법으로 자국의 군사력 증강하는 내적 방법에 우선하고 다음으로 동맹 등 외적 방법을 추구한다고 본다. 월츠나 미어샤이머가 주장한 것처럼 미래에 대한 불신과 불확실성 등으로 동맹은 일시적인 것이며, 자기 방어 능력을 우선으로 하기 때문에 힘의 균형을 위한 국가의 행동은 동맹보다 자국의 군사력 증대를 우선시 한다.

예로 근대 유럽 및 동북아시아 국가들은 끊임없는 전쟁과 분쟁 속에서 자국의 군사력을 우선시하고, 그와 더불어 동맹이나 협력을 추구하며 국가의 생존을 유지하여 왔다.

따라서 국가들은 생존을 위해 끊임없는 행동을 할 것이며, 이러한 국가의 행동은 국제사회에서 힘의 분포를 끊임없이 변화시키는 요인으로 작용한다. 하지만 힘의 균형이 어떤 범위로 존재하기 때문에 국가의 행동 결정을 더욱 어렵게 한다. 상대국의 군사력에 대한 정확한 판단과 국가행동에 대한 예측의 제한은 새로운 국제환경의 불확실성을 증대시키는 요인이 된다. 이러한 불확실성으로 인해 압도적 군사력과 무시 수준의 군사력을 보유하는 국가가 발생한다.

결국 국가들의 군사력 추구 방법은 증강, 유지, 감소 3가지 형태로 국가행동이 나타나고, 불확실한 상황에서 가능하면 국가들은 군사력을 증가하는 행동을 취할 것이다. 그리고 국가행동의 3가지 형태의 조합으로 힘의 동태적(dynamic) 변화가 발생하며, 두 국가나 집단의 국가행동 형태는 9가지 조합으로 나타난다(표 2).

9가지 조합에서 군사력의 균형을 유지하는 행태는 A, B 국가가 군사력을 같이 증가, 유지, 감소하는 조합 ①, ②, ③일 경우이다. 조합 ①, ②가 세력균형의 전형적인 모델에 가깝다고 할 수 있으며, 특히 조합 ②는 국가가 상호 불확실성과 불안전성이 다소 적어 양국이 현 상태의 변화를 원하지 않으며 안정적인 평화 상태를 유지할 수 있는 조합이다. 그러나 조합 ①은 양국이 상대적으로 군사력의 우위를 유지하기 위하여 행동하는 경우로 무한한 군비경쟁으로 이어질 수 있다. 반면에 조합 ③은 상호 간의 신뢰가 형성되어 군비축소를 하는 경우로 가장 안정적인 형태이나 세력균형이론에서는 다소 현실성이 낮은 조합이다.

그리고 조합 ④, ⑤, ⑥, ⑦, ⑧, ⑨의 6개 조합은 불균형 상태로 전환 가능성이 높은 조합이다. 시간이 경과할수록 한 국가의 상대적 군사력의 증가는 상대국의 상대적 군사력 감소를 의미한다. 특히, 조합 ⑤, ⑧의 경우는 한 국가가 군사력을 증대하는 상태에서 상대국이 군사력을 감소하는 행동으로 급진적으로 불균형으로 전환되는 형태이다.

표 2   A, B국가간 군사력에 대한 9가지 국가행동 조합

구분		B국		
		증강	유지	감소
A국	증강	① 균형	④	⑤
	유지	⑦	② 균형	⑥
	감소	⑧	⑨	③ 균형

이러한 다양한 조합을 6개 국가행동모델(표 3)로 재정리할 수 있다. 그리고 국제사회가 무정부상태로 조정, 통제자가 없고, 서로 상대의 정보를 정확히 확인할 수 없는 차단, 격리된 상태에서 자국의 생존과 안전이라는 국가이익을 추구하기 위한 국가의 합리적 선택은 모델1일 것이다. 모델2, 3은 양국이 상호 신뢰를 바탕으로 균형을 유지하는 경우이며, 이외의 경우는 서로 배신이라는 행동을 선택하는 경우일 것이다.

표 3   군사력에 대한 6개 국가행동모델

구 분	모델1 (조합①)	모델2 (조합②)	모델3 (조합③)	모델4 (조합④⑦)	모델5 (조합⑤⑧)	모델6 (조합⑥⑨)
내부적 힘의 추구	양국 증대	양국 유지	양국 감소	1국 증대 1국 유지	1국 증대 1국 감소	1국 유지 1국 감소
균형 변화와 속도	없음	없음	없음	발생 (천천히)	발생 (빠르게)	발생 (천천히)
외부적 힘의 추구	군사협력(동맹, 협력,편승 등)					

상대적 군사력 측정에 대한 수학적 모델

이 책에서 역사적으로 군사력의 변화와 힘의 균형을 일관성 있게 살펴보기 위해 기준이 필요하다. 군사력을 표준화된 기준을 정량화하여 세력균형이론을 조망한다.

역사학자 케네디는 세계정치(world politics) 과정을 이해하기 위해서는 물질적(material)이고 장기적인 요소들에 집중해야 하고, 힘은 상대적인 것으로 다양한 국가들과 사회들 사이의 빈도 높은 비교로 측정되고 서술되어야 한다고 말한다.[78] 이 의미는 정치의 과학적인 방법을 말하고 있다. 한 번의 사례는 법칙이 될 수 없으나 지속적이고 많은 사례의 연속성이 있다면, 그것은 법칙으로 정의될 수 있다. 그리고 역사적으로 군사력 수준을 많은 사례를 살펴본다면 군사력의 균형수준도 추정할 수 있을 것이다.

많은 사례를 이용하여 상대적 군사력의 수준을 비교하여 빈도수와 객관성을 높이면, 군사력의 균형수준에 대한 특징과 결과를 얻을 수 있을 것이다. 그리고 육군의 병력, 해군의 총톤수, 국방비 등을 군사력의 대표적 독립변수로 하여 동일한 도메인(domain)의 값으로 전환하여 군사력을 정량화하여 비교하는 것이다. 이 의미는 군사력의 각 독립변수를 동일한 지표(index)나 지수(exponent)로 표준화(standardization)하여 정량화한다는 의미로 연구를 위한 조작적 정의(operational definition)라 할 수 있다.

표준화된 지수 또는 값을 사용하기 위하여 이론적 근거의 표준화 값이 필요한데, 동일한 지표로 사용하기 가장 쉬운 방법이 표준정규분포(standard normal distribution)의 '표준값(Z)'이다. 정규분포(normal distribution)가 통계학에서 가장 많이 사용되는데, 그 이유는 원래의 모집단 분포가 무엇이든 간에 관계없이 표본평균의 분포는 표본크기의 증가에 따라 정규분포로 접근하며, 물론 모집단의 분포가 정확히 정규분포라는 보장은 없으나, 허용할 수 있는 범위 이내에서 정규분포라 가정할 수 있고, 현재 대부분의 통계분석 기법에서 정규분포를 가정하고 있다.[79]

따라서 군사력 균형수준의 통계값이 표준정규분포를 따른다고 가정한다. 그리고 일반적인 정규분포를 표준정규분포로 변환하는 과정을 '표준화한다(standardize)'라고 표현하고 그 변수를 'Z'로 표시한다.[80] 국가의 군사력도 무한정으로 확장할 수 없고 상대국에 대응하여 일정한 수준으로 향할 수밖에 없기 때문에 정규분포를 따를 것이며, 결국 별도의 지수를 만들어 사용하는 것보다 쉽게 접근이 가능하고, 이미 만들어진 지수를 사용하여 상대적 군사력을 비교한다.

군사력을 구성하는 다양한 독립변수를 다양한 표본집단(sample group)이라 보고, 각각의 독립변수를 '표준값(Z)'으로 변환하여 군사력 표준값으로 사용하여 비교한다면, 국가 간의 군사력을 비교하는 수단으로 활용이 가능할 것이다. 그리고 'Z'값은 표본집단의 평균(mean)과 편차(σ)가 달라도 평균에서 떨어져 있는 거리는 동일하다는 특징을 가지고 있다.

A, B국가 군사력의 독립변수인 병력(명), 톤수(Ton), 국방비(US $)를 각각 비교하여 표준화값(Z)으로 만든다. 그리고 표준값 Z_{ai-bi}값은 A국과 B국의 거리를 의미하며, A, B국의 거리를 군사력 차이라는 개념을 사용한다([그림 2]). A, B 양국의 군사력 표준값 'Z'를 이용하여 양국의 군사력을 비교하고, 그 변화에 따른 국가행동, 군사력의 균형 수준과 그 수준의 차이에서 발생되는 국가 간의 상관관계를 살펴본다. 그리고 독자의 이해 증진을 위하여 표준화값(Z)를 비율(%) 전환하여 상대적 군사력비로 사용한다.

그림 2 표준정규분포상의 표준값(Z) 의미

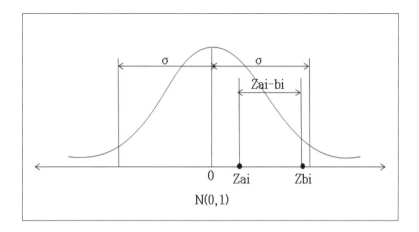

제1, 2차 세계대전기의 주요 국가들의 군사력 수준과 국가행동

제1차 세계대전 이전 주요 국가들의
군사력 수준과 국가행동

1 제1차 세계대전 이전의 상황과 전쟁원인

1880년대부터 제1차 세계대전 이전까지의 유럽의 상황은 국가 간 대립과 동맹, 협력의 갈등이 공존하는 복잡한 상황에서 균형이 유지되었다. 1880년에서 1900년까지 유럽 국가들의 관심은 지역적인 문제에서 전 세계의 영토와 시장(market) 차원의 문제로 전환되었다. 전쟁이 더 이상 유럽지역만의 전쟁이 아니라 전 세계를 대상으로 한다는 것을 의미했고, 독일과 미국이 세계문제에 관심을 가지고 관여하기 시작하였다. 1884~1885년에 세계의 강대국들은 서아프리카와 콩고 등에 대한 경계선 문제와 항해, 무역 등을 합의하기 위해 베를린 서아프리카회의(Berlin West Africa conference)를 개최하였고, 여기에는 미국과 러시아도 참가하였으나 실질적인 이익이 관계된 국가는 영국, 프랑스, 독일이었다.[81]

동맹과 협력체제에서 영국, 프랑스, 러시아를 중심으로 한 강대국들과 신흥 강대국으로 부상하는 독일, 오스트리아-헝가리, 이탈리아와의 복잡한 대립과 갈등이 발생하는 시기였다. 과거 식민지를 두고 대립하던 영국과 프랑스는 1904년 러·일전쟁 중인 상황에서 이집트와 모로코를 서로의 보호령으로 인정하는 협력에 합의하고, 양대 식민제국은 세계 각지에서 식민지 쟁탈전으로 대립하는 상황을 해소하기에 이르렀다. 그리고 영국과 러시아도 중국에서 대립이 완화되었다.

그리고 삼국협상(Triple Entente)은 세계 식민지 지배체제 유지와 신흥 강국으로 부상하는 독일, 오스트리아-헝가리, 이탈리아 삼국동맹(Dreibund)에 대한 힘의 균형을 이루는 방편이었다. 그러나 삼국동맹 국가 중 오스트리아-헝가리와 이탈리아의 대립관계가 증대되고, 이탈리아가 프랑스와 비밀협상을 맺어 삼국협상으로 힘이 이동하는 경향을 보이며 독일의 고립이 심화되어 갔다.

특히, 삼국협상과 삼국동맹의 중심 국가인 영국과 독일의 대립은 1880년대부터 시작되었다. 영국의 3C정책(Calcutta-Cairo-Capetown을 연결한 지배권)과 독일의 3B정책(Berlin-Byzantium-Baghdad를 연결한 지배권) 간의 암투는 1890년대에 들어오면서 독일의 산업과 무역의 성장으로 더욱 치열한 경쟁을 하게 되었다. 게다가 1898년 독일의 대함대(big fleet) 건설 추진으로 해양국가인 영국을 위협하며 양국의 대립은 더욱 격화되었다. 그리고 1905년과 1911년 프랑스의 모로코 보호령에 반대한 독일은 국제적 고립의 심화와 더불어 영국과 프랑스의 협력을 더욱 강화되는 결과를 초래하였다. 독일의 대함대 건설에 위협을 느낀 영국은 독일과 1908년에서 1912년까지 해군 군축협상을 하였으나 실패로 돌아갔고, 독일은 고립을 탈피하기 위한 대외진출 방향을 지중해로 변경하고, 다르다넬스(Dardanelles Str.)와 보스포루스 해협(Bosporus Str.)의 지배를 추진하며 러시아와도 마찰이 증대하게 되었다.

1900년대 유럽의 동맹외교는 상호 간의 두려움과 경쟁관계에 기인했다. 1879년 비스마르크의 독일-오스트리아 간의 이국동맹은 러시아를 견제하는 삼제동맹(Three Emperor's League)으로의 복귀를 의미했다. 이국동맹은 오스트리아-헝가리가 러시아로부터 침략을 받으면 독일이 자동 참전한다는 것이었고, 1882년 프랑스의 이탈리아 침략에 대비한 동맹으로 이어졌다. 독일의 행동은 프랑스를 고립시키고 러시아를 견제하기 위한 대비책의 일환이었다. 하지만 독일이 프랑스와 러시아의 협력를 방지하려는 노력에도 불구하고, 프랑스와 러시아와의 협력관계를 강화하는 결과를 초래했다.

지역적으로 고립되어가는 프랑스와 유럽에서 적절한 동맹을 형성하고 있지 못한 러시아는 여러 면에서 상호이익이 되는 협력국이었다. 재정적으로 압박을 받고 있는 러시아에 프랑스는 차관을 제공하였고, 프랑스는 러시아로부터 군사적 지원을 받아 독일을 견제하는 상호이익이 충분하였다. 결국 1894년 프랑스-러시아 동맹으로 유럽의 일정 안정적으로 세력균형의 시기를 유지하였다.

그렇다고 국가 간에 충돌이 전혀 없는 것은 아니었다. 영국과 프랑스 간의 파쇼다(Fashoda) 분쟁 등 크고 작은 다양한 국가 간 분쟁이 있었다. 영국과 프랑스는 영국-일본 동맹과 프랑스-러시아 동맹상태에서 1904년 발생한 러시아와 일본의 전쟁에 개입하지 않으려 상호 협조하였지만, 양국의 대립관계는 악화되었다. 하지만 1902년 독일의 대양함대(Seas fleet) 건설과 힘의 확장에 영국과 프랑스는 내부적으로는 불편한 관계였지만 외부적으로는 독일 견제에는 의견을 같이하였다. 그리고 러·일전쟁에서 패배한 러시아도 1907년 영국과 협약을 통해 독일의 고립에 동참하였고, 1908년 발칸사태로 독일에게 굴복한 러시아는 영국과의 동맹을 강화하였다.[82]

제1차 세계대전은 오스트리아-헝가리제국 황태자 부부의 암살 배후로 세르비아를 지목하며 전쟁을 선포하고, 4,000여만 명의 사상자를 발생한 국제체제의 무정부상태를 보여주는 사례가 되었다. 러시아는 세르비아를 지원하기 위하여 총동원령을 발동하고, 독일은 동맹인 오스트리아-헝가리제국에 대한 적극적 지원을 약속하며 러시아와 프랑스에 전쟁을 선포하였고, 영국은 독일에 대하여 전쟁을 선포하게 된다. 이른바 '7월의 위기(July Crisis)'는 외교적 해결하지 못하고 강력한 삼국동맹과 삼국협상의 상관관계에서 전쟁으로 이어지게 되었다.[83]

사라예보사건(사진: 위키피아)

자유주의자들은 제1차 세계대전의 원인을 세력균형이 전쟁의 원인이라고 비판하며 새로운 국제안전보장 체제의 필요성을 주장하기도 한다. 그리고 대부분의 영국의 자유주의자들은 제1차 세계대전이 빠르게 세계로 확산된 원인은 독일 정부의 군국주의적(militarist)이고 권위주의적(authoritarian)인 특성 때문이라 주장한다.[84]

월츠는 세 번째 이미지 수준에서 본 제1차 세계대전에 대한 전쟁의 원인은 양대 진영의 필연적 전쟁이라 분석하였다. 1891년 5월 프랑스와 러시아의 군사협력(convention)과 동맹을 주도하는 군인들이 파리 회동을 통해 '국가의 동원(mobilization)은 전쟁의 선포'라는 결론을 내렸다. 그리고 1879년 비스마르크에 의해 주도된 동맹체계는 1890년 이후 빠르게 2개 진영체계로 변화되었다. 한쪽 진영의 동원은 전쟁을 의미하는 필연적인 것이 되었다. 또한 오스트리아와 독일은 동쪽에 위치한 러시아의 급격한 경제적 성장과 2배 이상의 인구 증가 속도가 언제 위기 상황으로 변화될 줄 모르는 상황에서 온건정책을 유지하기가 쉽지 않았다.

그리고 프랑스의 동쪽도 군국주의 조직이나 카이저(Kaiser)의 충동적인 행동, 경제와 인구도 프랑스를 넘어서고 있는 위협적 상황이었다. 영국은 지역해역(local waters)인 북해에서 우위를 확보한 독일의 도전을 산업과 통상에서도 받고 있었다. 따라서 독일의 해외정책은 정통적인 영국 안보에 영향을 줄 만큼 충분히 유럽의 세력균형 붕괴(turnover)에 위협이 되었다. 그리고 양대 협력, 동맹의 안보체제는 균형을 제공하지만 쉽게 무너져 내릴 수 있는 체제였다. 제로섬 게임과 같은 것이 되었고, 상대방의 이익은 다른 상대방의 손실을 의미했다. 오스트리아의 세르비아에 대한 개입에 대하여 러시아는 행동했고, 독일은 오스트리아의 후퇴를 보고 있을 수 없었다. 결국 양대 진영이 피할 수 없는 전쟁이 발생했다.[85]

② 국가별 상대적 군사력 수준과 국가행동

월츠는 국가가 자기의 안보와 번영을 위한 요구사항들을 파악하여 행동해야 하기 때문에, 다른 국가의 의도를 먼저 예측해야만 한다고 주장한다.[86] 세력균형이론에서 주장되는 행동 주체인 국가는 무정부의 국제질서에서 자기보존을 위한 군사력 강화가 먼저이다. 그리고 군사력 건설은 어느 특정의 국가, 적대국(hostile nation), 잠재적(tentative) 적대국을 대상으로 건설한다. 그 이후 자국의 군사력으로 생존의 보장이 불확실하거나 더욱 확실한 생존과 안전을 강화하기 위하여 동맹(alliance)이나 협력(convention)을 추구한다.

유럽 국가들은 국가이익에 따라 적대국이나 잠재적 적대국이 변화되었고, 그리고 자국의 군사력 증강과 더불어 동맹과 협력을 통해 안전을 확보하기 위하여 끊임없는 행동을 하였고, 그러한 행동은 힘의 분포를 변화시켰다. 하지만 1880년대 이후의 유럽은 복잡한 상황에서 국가 간에 대립과 갈등 속에서 힘의 균형을 유지하였다. 영국, 프랑스, 러시아도 식민지 쟁탈전 속에서 대립과 갈등, 상호견제하며 군사력을 건설하였고, 독일과 이탈리아의 등장으로 견제의 대상이 변화했다. 불확실한 상황에서 대부분의 국가들은 군사력을 증강하였다.

표 4　**제1차 세계대전 이전의 유럽국가 육군병력 현황(단위: 명)**

구 분	1880년	1890년	1900년	1910년	1914년
영국	322,000	355,000	513,000	445,000	381,000
러시아	766,000	647,000	1,119,000	1,225,000	1,300,000
프랑스	503,000	502,000	673,000	713,000	846,000
독일	419,000	487,000	495,000	636,000	812,000
오스트리아-헝가리	240,000	337,000	375,000	410,000	424,000
이탈리아	200,000	262,000	230,000	292,000	305,000
일본	70,000	74,000	210,000	225,000	250,000
미국	25,000	27,000	68,000	67,000	98,000

출처: Wright, *op. cit.*, pp.670~671.; Kennedy, *op. cit.*, p.203.

표 5　**제1차 세계대전 이전의 유럽국가 전투함 톤수 현황(단위: 톤)**

구 분	1880년	1890년	1900년	1910년	1914년
영국	650,000	679,000	1,065,000	2,174,000	2,714,000
러시아	200,000	180,000	383,000	401,000	679,000
프랑스	271,000	319,000	499,000	725,000	900,000

독일	88,000	190,000	285,000	964,000	1,305,000
오스트리아 -헝가리	60,000	66,000	87,000	210,000	372,000
이탈리아	100,000	242,000	245,000	327,000	498,000
일본	15,000	41,000	187,000	494,000	700,000
미국	169,000	240,000	333,000	824,000	895,000

출처 : Wright, *op. cit.*, pp.670~671.; Kennedy, *op. cit.*, p.203. 1890년 미국의 군함 총톤수는 *A Study of War* (p.679)에는 40,000톤으로 기록되어 있으나, *The Rise of Fall The Great Powers* (p.203)에서 오류라 지적 하며 240,000톤으로 수정함. *Conway's All the World's Fighting Ships* 비교 시도 타당함.

표 6 제1차 세계대전 이전의 유럽국가 국방비 현황(단위: mil. US$)

구 분	1880년	1890년	1900년	1910년	1914년
영국	126	157	253	340	384
러시아	148	145	204	312	441
프랑스	157	186	212	262	287
독일	102	144	205	307	554
오스트리아 -헝가리	66	64	68	87	182
이탈리아	50	79	78	122	141
일본	9	24	69	84	96
미국	52	67	191	279	314

출처 : Wright, *op. cit.*, pp.670~671. 국방비는 해군 예산과 육군 예산의 합으로 함.

육군 병력, 해군 톤수, 국방비를 이용하여 수학적 모델을 이용하여 표준화된 각 국의 상대적 군사력을 측정하여 그 변화추이를 나타내면 [그림 3]과 같다. 그 결과 전쟁 이전 영국이 최대의 강대국이었고 러시아, 프랑스, 독일 순이었다. 특히, 독일 은 1900년 이후 군사력의 급속한 증강 현상이 나타났으며, 1910년 프랑스를 추월 하고 1914년에 최대 강대국으로 부상하였다. 이 시기 미국은 중진국 수준에서 전쟁 직전에 프랑스와 대등한 수준으로 성장하였고, 그리고 오스트리아-헝가리, 이탈리아, 일본의 군사력은 상대적으로 낮은 수준으로 평가된다.

제1차 세계대전 이전 국가별 상대적 군사력 변화(단위, %)

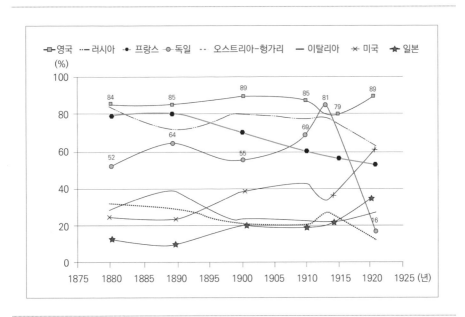

가. 삼국동맹과 삼국협상

제1차 세계대전 이전 유럽의 국가들은 자국의 군사력 증가와 더불어 동맹과 협력을 이용하여 힘의 균형을 유지하고 고립을 탈피하려 하였다. 비스마르크는 유럽 평화라는 목적 아래 독일의 안전과 프랑스의 고립을 목적으로 1879년 오스트리아-헝가리와 동맹을, 1882년에는 이탈리아가 동맹에 가입하여 삼국동맹을 형성하여 힘의 우위를 확보한다.

이 동맹은 프랑스로부터 공격을 받으면 상호 군사원조까지 하는 것으로 되어 있으며, 1914년 이탈리아가 중립 선언과 탈퇴할 때까지 유지되었다. 이러한 국제환경의 변화에 프랑스도 가까운 위협인 독일을 고립시키기 위하여 1904년 영국과 협상을 추진하고, 1907년 영국이 러시아와 협정을 맺음으로써 삼국동맹과 삼국협상 체제의 힘이 대립하는 양상으로 변경되었다.

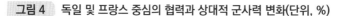

그림 4 독일 및 프랑스 중심의 협력과 상대적 군사력 변화(단위, %)

독일과 프랑스가 대립하며 자국의 군사력 증가와 더불어 동맹과 협력을 추진하며 국제사회는 힘의 변화가 발생했다([그림 4]). 독일과 오스트리아-헝가리가 이국동맹으로 강대국 프랑스, 영국, 러시아의 위협으로부터 안전을 확보하지만, 삼국협상이 형성된 이후부터 삼국동맹의 군사력을 다시 추월하고, 이탈리아까지 동맹에서 이탈하여 그 격차는 더욱 크게 발생하였다.

1910년까지 군사력 우위에 있는 영국, 러시아, 프랑스가 독일에는 위협국이었고, 자국의 군사력만으로는 한계를 느낀 독일은 오스트리아-헝가리, 이탈리아와 적절한 동맹을 선택하여 힘의 우위를 확보하였다. 하지만 이러한 힘의 분포가 변화되는 상황에서 프랑스, 영국, 러시아도 주변 환경의 변화로부터 더 안전한 상태를 추구하며 군사협력을 하였다.

삼국동맹을 형성하고 강대국들이 협력보다는 대립과 갈등상태에 있던 1980년대와 강대국의 협력과 이탈리아가 동맹을 이탈한 시기가 가장 군사력 격차가 심하고 심각한 불균형 상태였다. 결과론적으로 본다면 삼국동맹은 군사력이 중·하위권 국가들의 동맹이었고, 삼국협상은 강대국의 협력이라는 특징이 있다. 약소국도 강대국도 자국의 안전과 생존에 민감하며 자국의 이익을 위하여 좀 더 유리한 환경, 즉 가능한 상대보다 군사력 우위에서 안전을 확보하고 싶어 한다.

나. 독일과 프랑스

독일제국의 등장은 지정학적으로 유럽 국가체제 중앙에서 새로운 힘으로 성장했고, 독일의 산업, 통상, 군사력의 성장 속도는 프랑스와 오스트리아-헝가리의 국가이익에도 영향을 주며 상대적 지위도 변경되었다. 제1차 세계대전 직전의 철강 생산력이나 다른 분야의 국력은 프랑스, 러시아 등을 능가하며 영국보다 앞선다고 평가하기도 한다.[87] 1890년 이후 독일은 러시아에 대하여 농산물 수입 관세를 강화하고 해군력의 증강을 추진하면서 영국과도 갈등 관계로 변모하기 시작하였다.

독일의 성장에 가장 위협을 느낀 국가는 프랑스로 독일과 상대적 군사력 수준은 1900년까지는 프랑스 우위의 균형을 유지하였다. 그러나 1910년 프랑스는 독일의 군사력에 추월당하며 1914년 양국의 군사력 차이는 최대로 벌어졌다.

이러한 독일의 행동이 가능했던 이유는 경제력에 있다. 독일은 19세기 말 유럽에서 가장 강력한 산업국이었고, 해외무역의 증가는 경제적 호황기를 만들었으며 무역이 5배나 증가하였다. 독일은 더 많은 물건을 팔기 위해 더 큰 시장이 필요하였으며, 이러한 요구를 충족할 수 있는 방법이 팽창주의(expansionism)와 영토합병(territorial annexation)이었다.[88]

그리고 1890년에서 1913년까지 세계적인 수출 주도국이 되었으며 유럽 경제의 원동력이 되었지만, 이러한 성장과 더불어 농산물 수입 관세를 강화하고, 해군력의 증강을 추진하는 등 팽창주의가 싹트기 시작하면서 영국과 러시아 등 주변국과 갈등 관계로 변모하기 시작하였다. 범독일연맹(Pan-German league)나 독일 해군연맹 (German navy league)과 같은 팽창주의 압력단체가 환영을 받으며 독일의 영향력 확대를 주장하였다. 특히 빌헬름(Wilhelm) 황제는 독일의 우월성(German superiority)을 주장하며, 영국과 프랑스와 경쟁하며 식민제국을 건설하여 세계에서 독일의 지위를 세워야 한다고 주장하며 독일의 팽창주의를 강력히 옹호하였다.[89] 프랑스와 러시아, 영국과 일본, 미국과 이탈리아도 그들 나름대로 팽창을 주장하는 상태였다.

독일 팽창주의는 유럽의 국제체제를 변화시킬 수 있는 힘의 수단이나 물질적 재원을 보유하고 있었고, 그러한 수단을 이용하여 집중적으로 군사력 건설을 하였다. 특히, 독일 해군력 건설의 결과로 1898년 이후 세계 6위의 해군에서 2위의 해양강국으로 부상하였다. 독일의 해군력은 1910년에 100만 톤 가까이 증강되었으며, 이후에도 1911년 국방비의 35%, 1911년 33%, 1913년에는 25%까지 투자하며, 제1차 세계대전 직전에는 13척의 드레드노트급(Dreadnought-type)과 16척의 구식 전함, 5척의 순양전함을 보유했다. 독일 해군력의 증강은 흑해에서 영국함대의 점진적인 철수를 강요하였다. 독일이 목표한 영국만큼 강력한 해군 건설에 필요한 막대한 자금 확보는 보장받지 못했지만, 프랑스나 러시아 함대는 압도할 수 있는 전력이었다.[90]

독일의 육군력은 해군력의 강화로 10년 동안 큰 변화를 보이지 못하였으나, 1911~1912년 국제정세의 긴장으로 대대적인 증강과 신속한 변화를 추진했다. 독일의 경제력은 군사력의 증강을 충분히 감당해 낼 수 있는 수준이었고, 독일의 육군력은 1900년에 50만에서 1914년 80만으로 증가하였고 프랑스와 동등한 수준이었다.

1880년 후반 프랑스의 상황은 이집트와 서아프리카에서 식민지 정책으로 영국과 대립 및 경쟁하며 독일과 이탈리아와도 대립하였다. 1882년 영국이 이집트 점령으로 독일과 관계가 악화되고, 1884년부터 양국은 해군력을 강화하기 시작하였다. 프랑스는 제2의 식민지를 확보한 국가로서 그 영역이 넓고 광대함에 따라 영국과는 식민지 분쟁의 대립이 계속되었다.[91] 그러나 1900년 이후 강력한 식민지 정책과 해군력의 강화 정책은 정권 내부의 충돌과 잦은 변화로 일관성 있는 정책 추진이 이루어지지 않았다. 해군의 예산은 충분히 할당되었으나 함대건설 전략의 잦은 변화로

전략에 부합되지 않는 잡다한 함정들이 건조되었고, 영국과 독일에 대적할 수 없는 결과를 초래하였다.[92]

1910년대에 접어들면서 유럽에서 독일의 부상은 가장 큰 위협이 되었다. 여기에 이탈리아의 해군과 식민지에 대한 도전이 있었고, 이탈리아와의 전쟁이 발생하면 틀림없이 독일이 개입할 것이라 생각하며, 프랑스는 군대 배치에 대하여 고심하여야만 했다.[93] 따라서 프랑스는 강력한 경제력을 바탕으로 주변국을 이용하여 독일을 견제하도록 하였다. 이탈리아와는 관계를 개선하여 1914년에는 삼국동맹에서 이탈하도록 유도하였고, 1913년 5억 프랑의 차관 등 러시아에 대한 재정적 지원으로 독일을 더욱 압박하도록 하였다.

그리고 프랑스는 1904년 영국과도 식민지 분쟁을 원만히 해결하여 협력관계를 유지했고, 이는 독일의 침공에 대비하여 영국의 지원을 받을 수 있게 되었다. 그러나 이러한 프랑스의 경제력 기반의 독일 견제정책은 프랑스의 방대한 유동자본에 기인하고 있었으며, 실질적인 산업능력에서 1910년까지 활동인구의 40%가 농업에 종사하였고, 1914년 국민총생산은 독일의 55%에 불과했다. 결국 산업화에 기반을 두지 않은 경제력은 질적 수준의 군사력 건설을 기대하기 어려웠고, 이러한 결점을 인식한 프랑스는 독일과 1대1로 대응하기에는 충분히 강하지 못하여 대결을 회피하는 것이 좋을 것으로 판단하기도 했다.[94]

1900년대에 접어들면서 프랑스는 독일의 팽창에 대응하기 위해 주변국과의 대립에서 화해와 협력 정책으로 전환하였다. 그러나 프랑스는 육군력과 해군력을 확충을 위해 노력하였지만, 이를 뒷받침하기 위기 실질적인 국방비의 증가는 미흡했다.

표 7   독일과 프랑스의 군사력차(단위 %)

구분	1880년	1890년	1900년	1910년	1914년
병력차	-12	-2	-20	-8	-3
톤수차	-35	-25	-28	15	21
국방비차	-30	-18	-3	14	48

프랑스와 독일의 군사력 차이는 육군력에서는 균형 수준을 유지하는 것으로 나타났으나, 국방비에서는 독일과 큰 차이를 보였고, 해군력도 프랑스를 추월하였다([표 7]). 프랑스는 이러한 군사력의 차이를 극복하기 위하여 주변국과 군사협력(convention)을 추구하였다. 과거 대립관계에 있던 영국을 적대국에서 협력국으로 전환하여 해군력을 통한 독일의 봉쇄와 러시아를 이용한 독일 힘의 분산을 추구했다. 결국 독자적 힘으로 독일과 균형 유지에 실패하였지만, 삼국협상으로 압도적 우위를 확보하였다. 그리고 독일과 프랑스 양국은 군비경쟁 형태의 국가행동모델1이었다.

다. 독일과 러시아

　　1900년대 러시아는 유럽에서 100만 명이 넘는 최대의 육군을 보유하고 있었으며, 러·일전쟁 이후 새로운 함대의 건설을 추진하며 막대한 군사비를 투자하였으나, 독일의 해군력에는 미치지 못하였다. 페르시아, 베이징까지 확장된 러시아의 세력 팽창에 독일은 굉장한 위협으로 인식하였다. 프랑스는 러시아가 독일을 제거해주길 기대했고, 영국은 러시아와 우호적인 관계로 대응하려 했다. 그러나 러시아의 실상은 러·일전쟁에서 패배한 이후 유럽에서의 위상이 많이 실추된 상태였다.

　　1912년 러시아의 지휘부는 오스트리아-헝가리의 격멸 전략과 동시에 독일이 세르비아 침략에 대비한 지원전략을 세우고, 1914년 러시아 육군을 130만 명(비록 인력 중심의 군대라는 비평도 있지만)으로 증강하며 독일의 위협에 대비하였다. 대부분의 러시아 전략가들은 전쟁 발발 시 독일이 동쪽으로 신속한 공격을 할 것이라 판단했으나, 슐리펜계획(Schlieffen plan)에 따라 독일이 서쪽 프랑스로 공격하자, 프랑스는 러시아에 차관 등을 제공하며 독일 공략을 주문하였고 러시아는 그에 동의 하였다.[95]

　　독일과 러시아의 군사력을 비교하면 1900년대에 러시아가 강력한 육군력을 중심으로 압도적 수준이었으나, 그 이후 양국의 군사력 격차는 급격히 줄어들었고 1914년에는 독일의 군사력은 러시아의 군사력을 추월하였다.

　　양국의 육군력은 1890년 50~60만의 수준에서 균형을 유지하지만, 대체로 러시아가 압도적인 육군력의 수준을 유지하였다. 그러나 해군력에서는 1910년을 기준으로 독일이 러시아에 비해 압도적인 수준을 유지하였다. 국방비도 1910년까지는 비슷한 수준을 유지하였지만, 1914년에는 독일이 러시아 국방비를 넘어서게 된다. 독일과 러시아의 군사력은 육군력에서 러시아가 해군력과 국방비에서 독일이 우세한 수준에서 군사력의 균형을 유지하였다.

하지만 러시아가 유럽의 강대국으로 1890년대에 남진정책을 시작하여 1904년 일본과의 전쟁에서 패배함으로써 이 정책은 실패하였다. 남진정책의 실패보다 더 큰 것은 러시아의 국제적 위상 추락이었다. 그리고 1900년대 독일의 팽창주의와 더불어 일본과도 적대적인 관계를 형성하고 있다는 사실은 러시아의 힘이 2개의 전선으로 군사력의 분산을 의미했고, 독일과 균형적인 군사력을 유지하며 일본의 위협에도 대응한다는 사실은 러시아에게 쉬운 상황이 아니었다.

그러나 다행히도 이 시기에 독일이 자국의 이익을 위하여 러시아를 강력히 지지(support)하고 있었는데, 그 이유는 러시아가 아시아의 영토에 집중함으로써 발칸에 대한 지배권을 유지하고, 중국의 독립성과 중립성이 유지되어 자유무역에 대한 이익을 얻고자 했기 때문이다.[96] 따라서 이 시기에 독일의 러시아에 대한 우호적 행동은 철저한 국가이익에 기반을 두고 있었다. 하지만 일본과 전쟁을 치루는 러시아로서는 이러한 독일의 태도에도 만족해야만 했다.

라. 영국과 독일, 러시아

1815년 이후 타의 추종을 불허하는 해양강국의 지위를 누려온 영국이 1870년 이후 세계적인 산업화의 파급효과로 미국이 부상함에 따라 서반구 이권에 가장 큰 영향을 받았다.[97] 나아가 러시아의 투르키스탄 열차의 확장사업으로 근동지역과 페르시아만에서 러시아의 영향력이 확장되었고, 인도와 중국 대륙에 대한 지배권에 대한 위협도 증대되었다.

1890년대 미국과 러시아의 위협에 부가하여 독일의 부상은 영국이 다양한 위협에 동시에 대응해야 한다는 것을 의미했다. 결국 최고의 해군력을 보유한 영국으로서도 5~6개의 함대로 19세기 중반의 제해권(rule the waves) 확보에 어려움이 발생하였고, 세계 식민지 도처에 배치된 육군도 유사한 상태였으며, 1875년부터 경제성장의 침체와 경제력의 저하는 1913년까지 지속되었다.[98]

이러한 상황에서 영국이 독자적으로 부상하는 미국과 러시아에 대응하며, 그와 동시에 독일에도 대응하는 것은 버거운 일이었다. 비록 영국의 국방비 지출이 1914년까지도 높았던 것은 사실이나 국민소득 대비 비중은 낮은 상태였다. 그러나 지정학적 이점인 섬으로 이루어진 영국은 이웃 국가의 육군이 불시에 침략할 가능성이 낮다는 점에서 해군력 증강에 집중할 수 있었다.

1890년대에는 서아프리카, 동남아시아, 태평양지역에서 식민지 갈등 해소를 위해 프랑스와 협력했으나, 독일과의 대립관계를 해소하기 위한 노력에는 많은 의구심을 가지고 있었다. 그리고 제1차 세계대전 직전 영국은 미국과 독일의 산업에는 뒤쳐지기 시작하였으나, 해군력은 최대 강대국가의 지위를 유지하고 있었다.[99]

독일과 영국의 대립은 지리적으로 해양을 경계로 대립하고 있었기 때문에 프랑스와 같이 직접적인 위협은 아니었다. 독일의 대함대 건설이 제해권을 유지하고 있는 영국에게는 큰 위협으로 대두되었다. 양국의 군사력 수준은 영국이 해군력을 바탕으로 우위를 유지하는 것으로 나타났다.

그림 5 독 · 영 병력 및 톤수 변화(%)

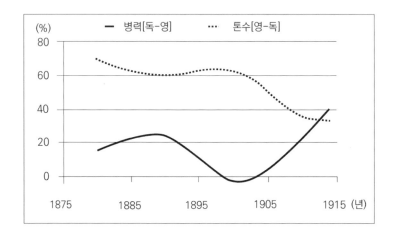

독일과 영국도 전형적인 군비경쟁(arms race)의 형태로 해양을 경계로 대립하는 특징을 보여준다. 1914년 독일의 육군력은 영국 대비 2배 이상, 해군력에서는 독일의 대함대 건설 노력에도 불구하고 영국이 2배 이상 압도적인 수준을 유지하였다. 하지만 국방비는 1914년에 영국을 추월하였다.

그런데 영국은 독일의 해군력 증강에는 민감한 반응을 보였지만, 육군력에서는 독일의 급진적인 증가에도 불구하고, 1910년 이후 40만 명 수준으로 감축하였다. 이것은 독일의 육군력이 80만 명에 도달하였지만 영국에게는 큰 위협으로 인식되지 않았고, 본토에서 지상전도 가정하지 않았다. 영국과 러시아의 관계에서도 독일과 비슷한 특징을 볼 수 있으며, 대륙국가와 해양국가의 전형적인 대립형태로 지정학적 요소(a fact of geography)에 따른 해군력과 육군력의 견제와 대립이었다.[100]

마. 일본과 러시아

동북아시아의 국가들은 세계적인 변화의 소용돌이 속에서 19세기 초기부터 국제체제에 편입되기 시작하였다. 유럽과 미국의 동북아시아 진출로 일본과 중국의 문호가 개방되고 군사력도 현대화되기 시작하였다. 청·일전쟁에서 예상외로 일본이 승리하고, 청국이 쇠퇴함에 따라 그 힘의 공백에 러시아가 진출하기 시작하였다. 러시아는 1860년대 블라디보스톡시의 건설과 남방진출을 시작하였으며, 1898년 여순항으로 함대를 전개하며 군사력의 남하로 이어졌다. 러시아이 남하정책은 대륙으로 진출하려는 일본과 힘의 충돌로 이어졌다.

유럽 국가들은 동북아시아에서 국가이익을 조금이라도 더 확보하기 위하여 적극적인 행동 속에 갈등, 대립, 협력을 끊임없이 하였다. 영국은 일본과의 외교관계에서도 청국과의 무역을 무시할 수 없어 청·일전쟁 동안 대외적으로는 중립을 선언하였지만, 내부적으로 청국을 지원하였다.[101] 청·일전쟁 이후에는 일본의 부상에 위협을 느낀 유럽 국가들은 러시아를 중심으로 프랑스와 독일은 일본의 여순항 점령을 반대하였다.

그리고 러·일전쟁 시 러시아는 프랑스와 동맹을 맺고 있었고, 독일은 일본 육군의 군사체제의 모델을 지원하고 협력하는 상황에서 내부적으로 러시아가 일본에 집중하도록 응원하고 있었다. 그리고 영국은 일본과 동맹을 맺으며 러시아에 대하여 동북아시아에서 세력균형을 추구하였다. 프랑스는 러시아와 동맹관계에도 불구하고 영국과의 대립을 걱정하여 러시아를 적극적으로 지원하지 않았다.

일본은 1868년 메이지유신 이후 근대 국가의 형태로 현대화가 이루어지고, 1878년 육군은 독일체제를 해군은 영국체제를 도입하였으며, 평시에 7만 3천 명, 전시에는 20만 명의 육군병력을 확보하게 되었다. 1884년에는 근대식 소총과 포로 무장한 군대로 변화하였다.[102] 1870년대에 해군성이 완전히 분리 독립되고 체계적으로 해군이 건설되어 1874년에 오키나와 어민의 학살 사건으로 발발된 청·일 갈등에서 일본 해군 함정 파견만으로 일본의 외교적인 승리를 가져왔다.[103]

그리고 이러한 사건을 계기로 일본은 해군력의 중요성이 더욱 강조되고 1885년 군비확장계획을 통하여 청국과 러시아를 가상 적대국으로 하여 군사력을 강화하였다.[104] 그 결과 1894년 청·일전쟁에서 승리하며 여순항을 확보했으나, 남방정책을 추진하는 러시아에게 빼앗기고 말았다.[105] 결국 쓰시마해전과 뤼순과 선양전투에서 러시아를 격퇴하며 남방정책을 저지하고 국제사회에 강대국으로 변모하였다.[106]

일본의 군사력은 유럽의 주요 국가들보다 다소 낮은 군사력 수준으로 평가된다. 러시아와의 군사력 비교에서도 러시아가 압도적인 수준이었다. 육군력에서는 일본이 20만 수준이었으나 러시아는 100만 명으로 5배의 차이가 나고, 국방비에서도 비슷하다. 그러나 해군력은 1910년도에 일본이 러시아를 추월하는 것으로 나타났다.[107] 양국의 군사력 수준은 러시아가 압도적인 수준을 유지하였으며, 일본이 극복하기 어려운 상황이었다. 하지만 1904년의 러·일전쟁의 결과는 일본의 승리였다.

일본은 주변 환경의 개입을 차단하고, 군사력의 우위를 확보하기 위한 최대 강대국인 영국과 동맹을 선택한다. 러시아는 군사력을 증강시켰지만, 불리한 지리적 환경으로 광범위한 전선을 형성하고 분산된 함대의 배치로 전력을 집중하기 어려웠으며, 동맹국인 프랑스와 영국은 눈치 보기로 큰 힘이 되지 못하였다.[108] 그리고 일본은 영국과 유사한 형태의 지정학적 이점을 이용한 해군력을 이용한 선택적인 지역을 중심으로 러시아의 육군 우위의 힘을 극복하였다.

실제로 양국의 해군 전력은 전쟁 어뢰정급 이상함정([표 8])에서 일본이 더 우세하다는 것을 알 수 있으며, 대마도 해전에 참가한 양국의 전력 면에서도 일본이 217,500톤, 러시아의 160,200톤보다 우위에 있었다.[109]

표 8 러 · 일전쟁 직전의 해군력

구분	일본		러시아(태평양 함대)	
	척수	톤수	척수	톤수
전함	6	86,045	7	84,130
장갑순양함	8	73,377	4	44,210
경순양함	12	42,934	7	38,822
구식함	8	20,300		
포함	8	14,617	7	8,279
구축함	19	5,869	27	7,938
수뢰(어뢰정)	26	3,091	10	1,195
합계	83	246,233	62	184,574

출처 : 해군본부(전발단). 『일본 · 영국 해군사 연구』. pp.58~59.; 해군본부. 『중국 · 러시아해군사 연구』. p.265.; Sergei Gorshikov, *op. cit..* p.179.; 해군대학. 『世界海戰史』. pp.153~155.

바. 기타 국가들

통일된 이탈리아는 독일과 더불어 인근 국가인 프랑스와 오스트리아-헝가리에게는 큰 위협이자 불편한 현실이었다. 이탈리아가 1882년 삼국동맹에 참가하면서 오스트리아-헝가리와의 경쟁관계는 다소 불식되었지만, 프랑스에게는 두 개 전선에 적을 두고 고립되었다. 그러나 19세기 말에는 이탈리아가 다시 프랑스와 협력하는 모습을 보이기 시작하였다.

    이탈리아의 군사력 수준은 오스트리아-헝가리와 더불어 낮은 수준으로 평가되며, 양국은 제1차 세계대전 이전까지 비슷한 군사력을 유지한 것으로 평가된다. 실질적으로도 국가 경제력과 전투 결과에서는 더 낮은 군사력으로 평가받기도 한다.[110] 결과적으로 이탈리아와 오스트리아-헝가리는 러시아나 프랑스에 독자적으로 대응할 수 없었으며, 군사력의 격차는 시간이 경과할수록 커졌다.

    하지만 유럽의 각국은 이탈리아의 국가행동에 관심이 많았다. 지중해에서 영국이 프랑스와 전쟁이 발발한다면 이탈리아가 중립적인 위치를 견지해 주기를 기대했다. 그리고 이탈리아가 삼국동맹으로 프랑스를 고립시키는 것에 영국은 만족했고, 이탈리아는 영국만이 프랑스 함대를 무력화할 수 있다는 것에 영국과 협력을 추구하기도 하였다. 그러나 1900년 이후 영국과 프랑스는 협력을 강화하고, 영국과 독일은 대립 양상으로 변모하였다. 다른 나라들이 이탈리아를 파트너(partner)로 확보하는 것이 유리하다고 판단하고 있었지만, 실질적으로 대단한 것이 아니었다.

    오스트리아-헝가리는 내부적으로 다양한 민족적 문제를 품고 있는 국가였다. 1914년 전쟁 발발 시 동원령을 15개 언어로 선포해야 했다. 그런 오스트리아-헝가리였으나 1870년부터 1913년까지 높은 경제성장을 하였으나, 소수민족의 문제, 오스트리아와 헝가리와의 긴장관계와 분열 가능성 등 많은 내부적 문제에 시달리고 있었다. 그러한 가운데 프랑스, 러시아, 독일은 오스트리아-헝가리의 분열과 힘의 변화에 촉각을 세우고 자국 이익에 집중하며 행동하였다. 이러한 복잡한 환경에서 국방비는 유럽의 다른 국가에 비해 낮은 수준에 머물고 전시 능력도 갖추지 못한 상태에서 독일의 지원은 절대적이었다.[111]

    결국 이탈리아와 오스트리아-헝가리는 주변 강대국 사이에서 생존을 위한 국가행동은 동맹이었다. 이탈리아는 초기에는 독일을 선택하여 프랑스와 오스트리아-헝가리의 위협을 제거하고, 이후에는 영국과 프랑스를 선택하여 프랑스와 오스트리아-헝가리 위협에서 자유로 울 수 있었다.

3 제1차 세계대전 이전 국가들의 군사력 수준과 국가행동

제1차 세계대전 이전 유럽 국가와 일본에 대한 2개국 또는 국가군으로 대립과 협력으로 이루어진 11개 시나리오 조합을 통해 균형 수준을 분석하면 [표 9]과 같다.

표 9 제1차 세계대전 이전 군사력 균형범위 종합

구분	전체 군사력	육상경계 국가	해상경계 국가
상대적 군사력비차	31%	24%	30%
군사력 균형 구간	34~66%	38~68%	35~65%

전쟁 이전 상대적 군사력 균형범위는 34~66% 수준이었다. 국가들은 이 범위에서 전쟁 발발 이전까지 힘의 균형을 유지하였다. 그리고 대부분 국가들은 군사력을 적극적으로 증강하며 외부적 협력도 하였다. 경쟁과 대립, 상대에 대한 불신 등으로 끊임없는 국가행동은 힘의 분포를 변화시켰고, 최종적으로는 중진국과 약소국의 동맹과 강대국의 협력으로 극심한 불균형 상태에서 전쟁으로 이어졌다.

1914년 유럽 국가들 전체적으로 상대적 군사력의 차이는 평균 31% 이상 발생하고, 강국대 간의 협력으로 삼국동맹과는 100% 이상의 힘의 불균형이가 발생하였다. 상대적 균형범위에서 볼 때 전반적으로 압도적 군사력을 보유한 강대국은 영국, 러시아, 프랑스, 독일이며, 무시 군사력 수준의 약소국은 이탈리아, 오스트리아-헝가리로 평가된다.

초기 독일을 중심으로 오스트리아-헝가리, 이탈리아와의 군사협력은 강대국에 대응하며 힘의 불균형을 가져왔고, 신흥세력의 부상에 위협을 느낀 강대국들도 프랑스를 중심으로 영국, 러시아가 군사협력을 함으로써 다시 힘이 역전되는 현상이 발생하였다. 특히 전쟁 이전 이탈리아의 배신으로 힘의 불균형은 더욱 심화 되었다. 그리고 국제상황과 국가이익에 따라 수시로 상대적 위협이 변경되었고, 특히 독일과 프랑스 양국 간의 힘의 균형은 전쟁 발발 이전 4년 만에 급진적 불균형으로 변모하였다.

이탈리아는 무시 수준의 군사력으로 선택과 배신을 통하여 승전국이라는 국가이익을 성취하였다. 그리고 영국과 일본은 해군력에 독일, 러시아, 프랑스는 육군력에 집중하며 힘의 균형을 추구하였고, 이러한 사례는 동일 형태의 군사력이 아닌 다른 형태의 군사력으로도 균형의 추구가 가능하다는 사례를 보여준다.

전간기 주요 국가들의 군사력 수준과 국가행동

1 제2차 세계대전의 상황과 전쟁원인

제1차 세계대전의 결과로 베르사유조약(Treaty of Versailles, 1919. 6. 28)[112]이 체결되었지만, 유럽의 국가들은 엄청난 전쟁의 후유증에 시달려야만 했다. 대규모 사상자로 인한 인구의 감소와 경제력의 파탄은 국제사회를 더욱 어렵게 만드는 요인이 되었고, 비록 조약이 체결되었지만, 국가이익을 조금이라도 더 챙기려는 국가 간의 이익 갈등은 1920년대까지 영토 및 군사력 분야 등에서 많은 문제를 야기하였다. 패전국인 독일의 비무장화와 거액의 배상 문제로 독일의 힘은 급격히 약화되고 오스트리아-헝가리제국은 해체되었다.

제1차 세계대전 이후 영국과 미국은 국제사회에 대하여 관망의 자세로 변했고, 러시아는 볼셰비키 혁명으로 국내적으로 몸살을 앓았다. 특히, 국제적 지위를 확보한 미국은 워싱턴회의를 통해 영국, 일본의 해군 군비경쟁을 억제하고,[113] 동맹체제의 해체를 위한 노력을 하였을 뿐 국제체제에서 실질적인 강대국으로서 개입을 희망하지 않았다.[114] 일본은 비록 산둥반도를 중국에게 반환하였지만, 독일의 패배로 독일의 식민지 도서들을 인계받고 국제무대에서 동북아시아의 새로운 강대국으로 등장하며 팽창을 더욱 가속화하였다.

그리고 전쟁 당시 국가 존망의 위기에 처했던 프랑스는 승전국이었지만, 전쟁으로 인한 피폐는 타 국가에 비해 심각한 수준이었다. 또한 제1차 세계대전에서 직접적인 생존의 위협을 경험한 프랑스로서는 미래에 대한 확실한 안전 확보가 필요했으며, 이에 대해 많은 노력을 기울였다. 독일의 미래 재부상에 대한 위협을 우려하여 전쟁 배상금 지불에 대해 압박을 계속하며 고립을 유도하기도 하였고, 100만 이상의 육군을 보유하며 강력한 군사력을 유지하려 하였다. 프랑스의 이러한 대외적인 노력에 미국과 영국은 다소 기피 하려는 태도를 보였다.[115]

뮌헨 협상 뒤 귀국한 체임벌린 영국
총리(1938년, 헤스턴 공항)

국제체제는 패전국과 전승국 간의 새로운 대립으로 이어졌고, 승전국 간에도 미묘한 갈등이 표출되기도 했다. 특히 독일은 패전국으로 배상에 대한 책임을 더 이상 경제적으로 지불능력을 상실하였고, 베르사유조약에 대한 불만, 영토의 상실, 군비제한 등으로 독일은 생존에 지대한 위협을 느꼈다. 미래의 독일과 프랑스와의 불신과 상호대립은 예견된 상황이었다. 그리고 제1차 세계대전 이후 동맹과 협상은 사라지고 각자도생을 위해 자국의 힘에 의존한 생존이 강조되었으며, 국제질서에서 다시 상호불신과 불안정이 더욱 커지는 복잡한 상황으로 전개되었다.

1930년대 독일은 경제적인 회복과 더불어 1933년 히틀러의 등장으로 1935년 재군비를 선언하였고, 1936년 라이란트(Rheinland) 비무장지대에 군대를 진주하며 베르사유조약을 파기하였다. 유럽의 국제사회는 새로운 힘의 분포가 빠르게 변화되기 시작하였다. 독일의 팽창에 가장 위협을 느낀 프랑스는 국제사회의 협력을 희망하였으나 영국과 미국은 프랑스의 의도대로 움직이지 않았고, 영국과 미국도 독일의 팽창에 대하여 우려는 가지고 있었지만, 이러한 현실을 외면하며 내부적으로 실질적인 군사력의 증강이나 대응은 1930년 후반까지도 미흡하였다.

유럽 국가 간의 불신은 이후에도 계속되었는데, 프랑스는 유럽 대륙의 세력균형을 위해 소련과의 관계 개선을 추진하고, 영국은 1935년 독일과 해군 협정으로 군비경쟁을 막으려는 노력도 하였다. 그리고 이탈리아의 팽창과 행동에 대하여도 프랑스와 영국은 서로 다른 시각을 가지고 있었다. 프랑스는 이탈리아가 과거 우군이었지만 적대국으로 돌아서 독일과 협력하여 힘의 균형을 완전히 변화시킬 수 있는 소지가 있다고 보는 반면, 영국은 이탈리아의 지중해 팽창이 해군력의 분산으로 이어져 동북아시아에서 일본의 팽창에 효과적으로 대응을 할 수 없을 것을 걱정하였다.[116]

제1차 세계대전에 참여한 강대국들의 미온적 행동으로 1935년 이탈리아가 이디오피아를 침공하고, 1937년 일본의 만주침공과 1938년 독일의 오스트리아 점령 등에 대하여 강대국과 국제사회는 무능함을 여실히 보여주었으며, 베르사유조약 약화로 이어졌다. 프랑스, 영국, 소련, 미국의 강대국들은 팽창국의 행동을 저지하기 위한 조약 유지나 협력적 행동 의지도 거의 없는 국제환경 속에서 국가 간에 불신은 더욱 증폭되는 상황에서 독일, 이탈리아, 일본의 결속력은 더욱 강화되어갔다.

독일과 일본은 1936년 반공협정(反共協定, anti-comintern pact)을 체결하고 이탈리아가 참여함으로써 3국의 결속은 더욱 강화되었고, 이 협정은 소련에 대항하는 경향을 보였다. 이런 경향은 미국, 영국, 프랑스 중심의 서구 반공주의자들에게 일부 긍정적인 면으로 작용하며, 3국의 대외침략에 정당성을 부여하는 결과를 초래한 면도 없지 않다. 그리고 1939년 독일과 이탈리아가 군사동맹(Pact of Steel)을 맺고 1940년에는 삼국동맹(Tripartite pact)이 형성되었다.

특히 독일의 힘의 증강과 팽창은 1938년 오스트리아의 합병과 뮌헨협정(Munich agreement)[117]으로 더욱 강력해지고 확고해졌으며, 유럽의 어느 국가도 대항할 수 없는 상대라는 것을 보여주었다. 1939년 독일은 체코슬로바키아를 합병하며 강력한 팽창정책 속에 더욱 강성한 국가로 성장하며, 영국과 프랑스는 이 위협을 저지하기 위한 군사력 협조가 불가피한 상황을 만들었고, 미국과 소련도 그 위협을 심각히 인식하기 시작하였다. 그러나 소련은 전쟁을 회피하기 위하여 1939년 독일과 불가침조약 등 비밀리에 협력함으로써 초기 영국과 프랑스의 독일에 대한 해상봉쇄의 실효성을 떨어뜨리고 일부 무력화하였다.

독일은 팽창정책을 추진하기 위한 군사력의 사용과 경제적 능력을 자국의 힘에만 의존했던 과거 제1차 세계대전과 달리, 점령국에서 군사력 확장에 필요한 힘의 근원들을 섭취하면서 강력한 군사력을 유지와 확장을 할 수 있었다. 그리고 이탈리아의 참전은 영국의 군사력 분산을 요구하게 되었고, 유럽에서 힘의 우세를 확신할 수 없는 상황에서 영국은 미국의 참전을 위한 노력을 기울이게 되었다.

프랑스를 침략하여 점령한 독일은 바다 건너 영국을 공격하는 데 한계를 드러내며 실패하였고, 영국은 제1차 세계대전 때와 같이 지정학적 이점을 이용하여 독일의 팽창으로부터 자기보존과 무너진 군사력의 재건설 준비 기간을 가질 수 있었다. 프랑스 대부분을 점령한 독일은 영국에 대한 상륙작전까지 계획하였으나, 영국해협의 해양통제권을 확보하지 못하고 계획은 취소되었고 소련으로 공격을 전환하였다.[118] 그리고 1941년 독일과 일본의 소련에 대한 침공과 미국에 대한 전쟁 선포로 제2차 세계대전에 가장 강대한 국가가 국제사회에 군사력 개입의 시작을 알리는 계기가 되었다.

제2차 세계대전 이전 각국의 군사력 수준과 변화과정을 살펴보면, 육군 병력의 경우 제1차 세계대전이 종료된 이후에도 프랑스는 60만 명 이상의 대규모 병력을 러시아 다음으로 유지했다. 그러나 독일은 1920년대 베르사유조약에 따라 10만 명 이하의 병력을 유지하였으나, 1930년대부터 병력이 급격히 증가하였다. 그리고 소련은 1935년부터 독일과 일본의 팽창정책에 따라 100만 명 이상의 육군이 유지된다. 하지만 영국과 미국은 약 20만 명 이하의 육군만을 유지하는 것을 볼 때 독일의 팽창정책에 큰 변화를 보이지 않았던 것을 알 수 있다. 육군력은 프랑스와 소련이 강대국이었으며, 독일과 일본은 1930년대 후반에 강력한 육군으로 등장한다.

표 10 제2차 세계대전 이전의 유럽국가 육군병력 현황(단위: 명)

구분	1920년	1925년	1930년	1935년	1938년	1939년
영국	485,000	216,121	208,573	196,137	212,300	897,000
소련	3,050,000	260,000	562,000	1,300,000	1,513,000	1,520,000
프랑스	660,000	684,039	522,643	642,872	698,101	4,895,000
독일	100,000	99,086	99,191	480,000	720,000	3,740,000
이탈리아	250,000	326,000	251,470	1,300,000	373,000	581,000

일본	260,753	212,745	200,000	350,000	1,000,000	1,440,000
미국	204,300	-	139,400	-	-	175,000

출처 : John J. Mearsheimer. *The Tragedy of Great Power Politics*. p.305, 317, 320. 영국, 소련, 프랑스, 독일, 이탈리아의 병력 자료.; 나카지마 하오 소유(中島資晧).『完結 昭和國勢總監』第三卷 (全 4卷一組) (東京: 東洋經濟新報社, 1991). p.274. 일본 병력자료. 1920년 자료는 1919년 병력을, 1925년 자료는 1926년 자료를 사용. U.S. Census Bureau. "Statistical Abstract of the United States: 1999." *20th CenturyStatistics.* www.census.gov p.888. 미국 병력자료를 사용(1920, 1930, 1940~1945년)하였으며, 미해병대는 미포함(1920년 17,200명, 1944년475,600명).; Wright. *op. cit.*. p.670. 1937년 미국병력 자료 사용.; 1939년 병력 자료. www.spartacus.schoolnet.co.uk.

국가별 해군력에서는 영국, 소련, 프랑스, 이탈리아가 제1차 세계대전 직전 대비 1925년에 거의 반으로 줄어들었다. 특히, 영국은 군함의 톤수가 반으로 줄어들어 160만 톤의 수준을 유지하며 제2차 세계대전에 직면한다. 독일도 톤수에서는 급격한 증강을 보이지 못하지만, 미국은 제1차 세계대전 이후 130만 톤 수준의 군함을 유지하고, 일본도 해군력에서 급격한 증가를 했다. 이러한 국가별 해군력 수준은 국가 경제력 기반에서 그 원인을 찾을 수 있다.[119] 영국, 미국, 일본이 강력한 해군력을 보유하고 있었고, 프랑스도 유럽 대륙에서 타국보다 많은 해군력을 보유하고 있었다.

표 11   제2차 세계대전 이전의 유럽국가 해군톤수 현황(단위: 톤)

구분	1920년	1925년	1930년	1935년	1938년	1939년
영국	3,662,070	1,693,108	1,656,426	1,491,884	1,614,112	1,667,178
소련	580,210	238,024	198,644	265,198	356,928	399,829
프랑스	916,534	544,481	585,522	612,458	634,002	632,557
독일	971,016	255,076	224,483	222,073	277,716	360,663
이탈리아	632,655	315,432	327,853	470,097	542,951	551,338
일본	656,384	812,636	958,027	1,052,025	1,180,449	1,256,230
미국	1,532,319	1,312,346	1,370,097	1,240,847	1,396,438	1,481,027

출처 : CONWAY MARITIME PRESS, *CONWAY'S ALL THE WORLD'S FIGHTING SHIP 1906-1921: 1922-1946* (Maryland: Conway Maritime Press, 1980). 잠수함을 포함한 전투함의 총톤수를 종합한 것임.

국가별 국방비는 소련을 제외한 모든 국가들이 1920년대를 기점으로 축소하였다가 1935년을 기점으로 증가하는 경향을 보인다. 특히 독일과 일본은 국방비를 급격하게 증가시켰으며, 독일은 1938년 프랑스에 비해 8배가 넘는 증가를 하였다. 그러나 독일과 일본과는 대조적으로 프랑스와 미국은 큰 변화를 보이지 않는다.

표 12 제2차 세계대전 이전의 유럽국가 국방비 현황(단위: mil. US$)

구분	1920년	1925년	1930년	1935년	1938년	1939년
영국	1,476	508	512	646	1,864	7,896
소련	1,183	1,448	3,520	5,518	5,430	5,984
프랑스	362	325	499	867	919	1,024
독일	79	148	163	1,608	7,415	12,000
이탈리아	306	160	266	513	746	669
일본	449	182	219	295	1,699	1,700
미국	1,657	590	699	806	1,131	980

출처 : J. David Singer and Melvin Small. "National Material Capabilities Data, 1816-1985" (ICPSR 9903, 1990년).

제2차 세계대전의 원인에 대하여서는 다양한 분석들이 있다. 세력균형이론 측면에서 양차 대전의 원인을 제1차 세계대전은 과다동맹(過多同盟)으로 제2차 세계대전은 과소동맹(寡少同盟)으로 보기도 한다. 제2차 세계대전은 침략적인 의도를 가진 강대국이 등장함에도 불구하고, 세력균형을 위한 노력을 하지 않았다고 보았다. 독일의 팽창주의에 강대국들이 서로 책임을 전가(buck-passing)하며 적절한 균형을 이루지 못한 경우라고 보며, 이러한 주장은 과소동맹이 다극체제에서 발생되고, 그만큼 체제가 불안정하다는 월츠의 주장과 같다고 보았다.[120]

제1차 세계대전은 독일 중심의 삼국동맹이 주변국과 힘의 균형이 상실되면서 가장 위협을 느낀 프랑스를 중심으로 군사협력을 통해 힘의 균형이 또다시 역전되는 현상에서 독일이 프랑스를 공격하는 현상으로 나타났다. 제2차 세계대전도 독일이 제1차 세계대전의 책임국으로서 군사력의 제재를 받으면서도 지속적인 군사력 증강을 하였고, 1935년 일본, 이탈리아와 군사협력으로 국제사회의 힘의 분포는 급격히 변화되고 힘의 균형이 깨지기 시작하였다.

이러한 힘의 변화와 위협을 직접적으로 느낀 프랑스는 자국의 군사력 증강과 더불어 주변국과 힘의 규합을 위하여 노력하였지만, 결국 독일의 침략이 이루어질 때까지 힘의 회복에 실패하게 된다. 이후 1940년대 영국의 개입으로도 완전한 힘의 균형을 이룰 수 없었고, 대부분 국가들이 군사력 증강을 시도하고 군사협력도 추진하였지만 이미 힘의 균형을 회복하기에는 늦었다.

2 국가별 상대적 군사력 수준과 국가행동

제2차 세계대전 이전 주요 국가들의 군사력 수준을 살펴보면, 1930년 초반에는 영국, 후반기에는 소련, 말기에는 독일이 가장 강대국으로 평가된다. 그 뒤를 미국, 일본, 프랑스, 이탈리아 순이었다.

그림 6 **제2차 세계대전 이전 국가별 상대적 군사력 변화(단위, %)**

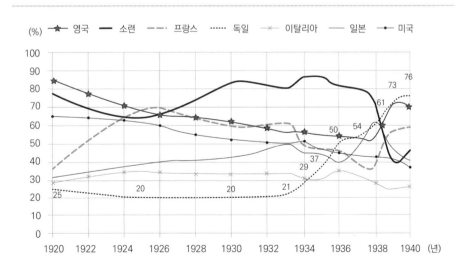

1938년에는 독일, 소련, 영국, 일본, 미국, 프랑스, 이탈리아 순으로 변경되었고, 독일의 급진적인 군사력의 증강에 영국과 프랑스도 1939년에 급격한 변화를 보였다.

특히, 독일이 1920년대 최하위의 군사력 국가에서 1930년대 후반에 최대의 강대국으로 등장하는 것을 확인할 수 있다. 그리고 독일과 일본의 군사력이 증강하는 상황에서도 대부분의 국가들이 큰 변화 없이 일정 수준의 군사력을 유지하는 경향을 보이며 상대적으로 군사력이 감소하였다. 이탈리아는 제1차 세계대전 이전과 유사하게 최하위의 군사력으로 평가되었다. 제2차 세계대전 이전 주요 국가 간의 군사력의 상관관계를 2개국과 협력국을 조합하여 종합 분석한 결과는 [표 13]과 같다.

표 13   제2차 세계대전 이전 군사력 균형범위 종합

구분	전체 군사력	육지경계 국가	해상경계 국가
상대적 군사력비차	28%	29%	24%
군사력 균형 구간	36~64%	35~65%	38~62%

제2차 세계대전 이전의 주요 국가들의 상대적 군사력은 36~64% 수준에서 유지되었고, 제1차 세계대전 이전보다는 균형 폭이 좁은 수준이지만 거의 유사한 수준이었다. 전쟁 발발 직전 1938년 전체적으로 상대적 군사력의 격차가 30% 이상, 독일 중심의 추축국 형성으로 연합국 대비 100% 이상의 불균형 상태가 발생했다. 그리고 독일은 1936년 프랑스의 군사력을 추월하였다.

제2차 세계대전 이전의 상황은 1920년대 제1차 세계대전 이후 전후 처리 문제 등으로 군사력의 감소와 불균형 상태에서 1930년에 들어서면서 전반적으로 안정적인 상태로 전환되었다가 다시 1937년부터 국가 간의 군사력의 차이가 발생하면서 1939년에는 균형이 완전히 깨지는 현상을 보이며 전쟁으로 이어졌다.

가. 추축국과 연합국, 반공국과 소련

제1차 세계대전과 달리 제2차 세계대전 이전의 국가들은 적극적인 동맹의 형태를 취하지 않았다. 독일의 부상에 직접적인 위협을 느끼는 프랑스만이 영국과 미국 등과 협력을 추구하는 노력을 하였지만, 큰 성과는 없었다. 하지만 독일은 히틀러의 등장과 더불어 급격한 팽창을 하며 일본 및 이탈리아와 반공동맹을 형성하고, 소련과는 불가침조약을 체결하는 등 프랑스의 생존을 크게 위협하였다. 독일과 프랑스를 중심으로 협력한 국가들의 군사력의 수준 변화를 살펴보면, 제1차 세계대전 이전의 동맹과 협력과는 많은 차이가 있다.

1936년부터 독일은 일본과 이탈리아가 동맹을 형성하였지만, 프랑스를 중심으로 한 유럽 국가는 독일이 폴란드를 침략하기 전까지 군사적 동맹을 형성하지 않고, 관망하는 자세로 개별국가의 군사력에만 의존한 균형을 추구하였다. 소련은 독일이 일본과 반공동맹 상태에서 1938년 일본의 소련 침공에도 불구하고 1939년 독·소 불가침조약을 체결하였다.

이러한 국가의 행동을 고려하여 독일과 프랑스 중심의 조약과 동맹이 형성된 기간을 기준으로 국가와 국가군 간의 군사력 변화를 보면 그 변화를 확연히 알 수 있다([표 14]).

표 14 추축국, 연합국 및 영국 군사력 변화(단위, %)

구분	1930년	1933년	1934년	1935년	1936년	1937년	1938년	1939년
독일→추축국	20	21	29	37	89	132	148	143
프랑스→연합국	59	61	50	47	45	40	36	88
영국	61	56	56	54	52	52	52	71

독일을 중심으로 하는 추축국은 1936년부터 프랑스의 군사력을 압도하기 시작하며 불균형이 발생한다. 독일이 일본 및 이탈리아와 반공동맹, 강철조약 등으로 상호 협력하면서, 이러한 힘의 변화를 인식한 프랑스와 영국은 1939년 연합으로 힘의

격차를 줄이긴 했지만, 안정적 수준으로 변화시키기에는 한계가 있었다.

국가 간 상대적 군사력에서 독일은 1937년 프랑스, 1939년 영국, 소련의 군사력을 차례로 추월하였다. 이러한 힘의 변화에 프랑스는 독자적으로 더 이상 균형이 불가하였지만, 대외적 군사협력에도 실효를 거두지 못하였다. 독일의 부상에 대응하기 위한 협력 실패원인을 영국과 프랑스의 유화정책(appeasement)이 히틀러를 저지하기 위한 유럽 국가들이 실질적인 군사 개입을 하지 못하게 하였다고 보기도 한다.[121]

히틀러는 유럽의 세력균형을 희망하지 않았고, 이 균형을 뒤집으려는 의도로 영국과 프랑스를 유럽의 힘에서 제거하고 싶어 했다. 하지만 이러한 독일의 의도를 유럽 국가들은 유화정책으로 히틀러를 저지할 수 있을 것이라 믿었다.

국제환경이 위기로 변화되어 가는 상황에서도 프랑스는 동원과 인력 중심의 군대에 치중하며, 과학기술의 혁신적 무기로 무장한 히틀러의 의도를 제대로 판단조차 하지 못하고 있었다. 그리고 영국에 지나치게 의존하였지만, 영국도 제1차 세계대전 이후 허약해진 군사력으로 과거 대영

히틀러와 무솔리니
(사진: 위키피아)

제국의 임무를 수행하는데도 한계를 느끼고 있었다. 영국의 육군은 자국 영토 밖의 방어전략을 가지고 있지 않았다.[122] 그리고 멀리 바다 건너 위치한 미국도 고립주의(isolationism)로 독일보다 소련의 공산화 우려와 불신이 더 큰 위협이었다.

프랑스는 소련과도 협력을 시도하였다. 1934년 독일의 팽창을 점검하는 수단으로 프랑스-소련 군사참모회의(Franco-Soviet military staff talk)를 운영하였다. 하지만 이마저도 나치의 팽창보다 공산주의 확산을 더 큰 위협으로 느끼는 프랑스 우파에 의해 유명무실하게 되었고, 동부의 강력한 육군을 이용한 전쟁 억제도 결국 실패로 돌아가고 말았다.[123]

결국 독일이 프랑스를 침공하고 1939년 영국이 참전을 선언함으로써 뒤늦게 군사협력이 이루어졌지만 힘의 균형을 회복할 수 없었고, 1941년 미국이 전쟁에 개입하면서 힘을 회복할 수 있었다.

나. 독일과 프랑스

독일의 팽창에 대항하여 제1차 세계대전 이후 가장 적극적으로 대응한 국가가 프랑스이며, 상대적으로 관망의 자세를 견지한 국가가 영국과 미국이다. 그리고 국내적으로 어려운 상황 속에서 독일과 비밀협력으로 이익을 챙긴 국가가 소련이다.

독일은 제1차 세계대전 이후 전쟁의 패전국으로 국가 생존에 가장 위협을 많이 받은 나라였다. 국제사회의 독일에 대한 불신과 경계는 깊었고, 국경선은 프랑스와 폴란드에 의해 축소되었고, 육군 병력은 10만으로 제한된 군사체제 속에서 국가의 생존은 양면에서 위협을 받고 있었다. 그리고 전쟁에 대한 배상 책임으로 심각한 인플레이션의 발생은 국가의 경제체제를 급격히 쇠퇴시켰다.

그러나 1920년대 말부터 경제적 회복과 히틀러의 출현으로 독일은 급격한 팽창주의, 사회주의(National Socialist Germany) 국가로 변모하기 시작하였다. 정부예산의 많은 부분을 군사비로 지출하며 군사적 강대국으로 부상하였다. 이러한 투자비는 영국, 프랑스, 미국의 군사비를 합친 것보다 많았다.

독일 육군은 전후 10만에서 1938년에는 70여만 명 이상으로 증가하여 프랑스의 육군을 추월하며 주변국에 대한 급격한 위협으로 성장하였다. 그리고 히틀러의 'Plan Z'는 영국 해군에 대응하고 주변국 전력과 균형을 이룰 수 있는 전력 건설을 목표로 시작되어 1938년에는 1914년대와 동일한 수준으로 해군력을 회복할 수 있었다.[124] 이러한 군사력을 유지하기 위하여 막대한 자원이 필요하였고, 그러한 자원은 자급자족에 의존하기는 거의 불가능하였다.

그래서 오스트리아 합병과 체코슬로바키아, 헝가리, 폴란드를 점령하며 거대한 자원을 확보하는 생존 형태를 취하기도 하였다. 독일의 약탈에 의존한 팽창은 주변국 프랑스를 위협하였고, 바다 건너 영국도 유럽의 전반적인 힘의 변화에 위기를 느끼지 않을 수 없었으며, 결국 독일의 강력한 군사력은 유럽과 국제질서의 불안전성을 증가시키고 주변국에 직접적인 위협을 주기 시작하였다.

프랑스도 전후 문제해결에 경제적으로 힘겨운 상황이었다. 영국도 힘겨운 상황이었지만, 지정학적으로 유럽대륙과 거리를 두고 있는 지점으로 국내문제에 더 집중할 수 있는 처지였다. 하지만 제1차 세계대전 이후에도 독일을 위협국으로 염두에 두고 있었던 프랑스는 독일의 전후 문제에 자국의 국내문제로 관심을 돌리는 국제사회에 위기감이 더욱 증대하였다. 국내문제와 유럽내륙 국가들과의 상대적 관계를 의식하지 않을 수 없는 프랑스는 독일 문제 해결에서 더 강력한 전후 처리를 주장하였고, 또다시 위협국으로 등장하는 것을 방지하려는 행동은 다른 국가와 마찰과 갈등을 표출하기도 하였다.

전후 1930년까지 프랑스는 60만 수준의 육군을 유지하였다. 하지만 1920년대와는 달리 1930년대 이후 경제 침체로 군사력의 재무장을 강력히 실천할 수 없는 상황이었다.[125] 이러한 현실은 군사력의 약화와 더불어 독일의 급격한 팽창에 적절한 대응 방안이 없었다. 그래도 1938년까지 육군에서는 독일과 대등한 수준을 유지하였고, 해군력은 프랑스가 다소 우위에 있었다.

하지만 1935년을 기점으로 독일에 대한 프랑스의 상대적 국방비는 절대적으로 감소하였고, 1934년에 독일의 국방비가 프랑스를 추월하기 시작하여 1939년에는 12배까지 격차가 발생하였다. 프랑스 국방비의 상대적 감소는 군사력의 허약성을 보여주는 것이었다. 1936년까지는 프랑스가 육군력과 해군력에서 우위를 유지하였으나, 1937년 군사력은 역전되었고 1938년 그 격차는 상당한 차이로 벌어졌다.

또한 프랑스가 독일을 대적하기 힘든 상황으로 전개되는 동안 1930년 후반 국제적 환경도 불리하게 작용하였다. 독일과 강철동맹을 맺은 또 하나의 적대국인 이탈리아가 가까이에 도사리고 있었다. 제1차 세계대전에서 프랑스와 협력국이었던 이탈리아가 1936년 아비시니 위기(Abyssinia Crisis)[126]로 인하여 적대국으로 돌아서고 말았고, 뮌헨협정을 계기로 소련은 더 이상 프랑스와 협력을 기대하기 어려운 상황이 되었다.

그리고 제1차 세계대전과 동일하게 영국의 힘이 독일을 봉쇄하고 힘의 균형을 유지하여 줄 것이라 오판했다. 그리고 대공황 이후 어려운 국내 경제 상황에서 1936년 이후 미국과 영국의 재정지원에 많이 의존하고 있었으나,[127] 두 국가는 대서양 건너 너무도 멀리 있었고, 영국도 복잡한 국내문제로 1939년 프랑스와 연합을 할 때까지 신경을 쓸 여유가 없었다.

국가행동의 측면에서 비록 프랑스가 아주 완만한 군사력의 증가를 보이기는 했지만, 독일과 프랑스는 국가행동모델4의 유형이었다.

다. 영국과 독일

영국은 비록 본토에서 전쟁은 없었지만, 전쟁의 상처는 영국에게도 다를 바 없었다. 수백만 명의 사상자와 경제인구의 감소, 2,080억 달러의 전비 등은 세계를 경제공황으로 몰고 갔다. 이러한 제1차 세계대전의 전쟁 악몽에서 벗어나길 희망하며 유럽대륙의 세력균형에 개입하는 것보다 국내 정치에 더 관심을 가지고 국가 내부의 재건에 많은 예산을 투입하고 있었다.

그리고 전쟁 이전 세계의 1/4을 통제했던 대영제국의 능력을 유지하기 위하여 많은 임무가 약화된 군에 부여되었다.[128] 가능한 국제 문제에 개입을 원하지 않았지만, 동맹에서 적대국으로 돌아선 일본이 동남아시아로 팽창을 시도하고, 이를 저지하고 식민지를 방어하기 위하여 해군의 주력을 싱가포르에 파견하는 등 최대 노력을 기울였다. 게다가 이탈리아의 지중해에서 팽창도 영국에게는 어렵고 힘겨운 새로운 위협이었다.

1932년까지 영국의 군사력 건설은 1919년에 채택된 Ten-Year Rule에 근거하여 건설되고 있었다. 이 규정은 영국이 10년 이내에 대규모 전쟁에 개입하지 않는다는 가정에서 예산을 책정하는 것이었다.[129] 이 규정에 따라 1920년대부터 영국의 국방비는 1930까지 1/3까지 감소하였다. 결국 영국의 군사력 약화로 이어지고 독일의 재무장에 대비하는 적시성 있는 군사력 건설이 이루어질 수가 없었다.

1936년부터 국방비를 다시 증대하기 시작하며 정상적인 국방비의 지출이 이루어졌으나, 이 당시의 국방비는 프랑스, 이탈리아보다 적은 수준이었다. 결국 독일의 급격한 군사력의 증강에 영국도 1930년 후반부터 군비 증강을 추진하였지만, 독일의 엄청난 군사력 증강을 독자적으로 따라잡기에는 역부족이었다. 영국은 이탈리아와 일본의 위협으로부터 자국의 이익을 보존하기에도 급급한 상황이었고, 영국 해군도 전략적으로 싱가포르보다 지중해를 선택함에 따라 아시아를 일본의 세력권에 놓아두게 되었다. 미국의 중립화와 소련의 서구에 대한 불신 등으로 영국도 군사적 대안을 찾기가 어려운 상황이었다.

영국의 군사력은 많은 임무와 전쟁의 상처로 약해진 해군이었지만, 전투함 150만 톤 이상을 유지하며 히틀러도 이를 쉽게 극복할 수 없었다. 하지만 전반적 영국의 군사력은 1932년까지 Ten-Year Rule에 따라 국방비가 감소하여 군사력의 약화로 이어졌고, 결국 1932년 Ten-Year Rule을 포기하기에 이르렀다. 하지만 독일은 1933년 군축회의와 국제연맹(League of Nations)에서 탈퇴를 선언하고 군비 증강을 시작하였고, 영국의 국방비는 1933년에 독일에 추월당하였으며 이후에도 따라잡지 못하였다.[130]

　　그러나 영국은 해양국가로 강력한 해군력을 바탕으로 1934년에 영국 육군 병력의 약 2배, 1935년 영국 국방비의 3배가 넘는 독일의 군사력 팽창에도 해양이라는 차단벽으로 힘의 분포 변화에 버틸 수 있었다.

　　그리고 영국에게 있어서 독일보다 더 신경이 쓰이는 이탈리아가 국가이익에 성가신 존재였다.[131] 세계의 광범위한 식민지 보유와 제해권을 확보하기 위해 자국의 해군력을 여러 곳에 파견해야 하는 영국은 자국의 1/3수준이었던 이탈리아 해군도 부담스러운 국가였다. 이탈리아는 삼국동맹에서 삼국협상으로 진로를 변경하여 제1차 세계대전의 승전국의 지위를 획득하였지만, 무솔리니는 1930년대 지중해를 통제하기 위하여 해군력 강화에 역점을 두며 잠수함을 113척까지 건설하며 영국과 경쟁했다.[132]

　　하지만 항공모함이 없는 이탈리아는 지상 공군에 의존해야 했고, 지중해에서 영국의 해군을 밀어내기에는 현실적으로 어려웠다. 비록 강한 군사력을 보유한 국가는 아니었지만, 팽창하는 이탈리아가 중립을 유지하고 지중해와 근동에서 평화를 유지하고 전쟁에 개입하지 않기를 희망하기도 하였다.[133]

라. 소련과 독일, 일본

　　구러시아도 1917년 혁명에서 내전까지 발생하여 1922년 소련연방을 형성할 때까지 내부 혼란에 휩싸여 주변을 돌아볼 여유가 없었다. 소련은 유럽에서 군사력에서 영국과 같은 강대국이었다. 독일은 강대국 소련과 일본의 군사동맹과는 별개로 한다는 불가침조약(Treaty of Non-Aggression between Germany and the Soviet Socialist Republics 또는 Molotov-Ribbentrop Pact)을 체결함으로써 소련이 동쪽의 적대국에 집중하는 사이 폴란드와 프랑스를 공격할 수 있었다. 소련도 독일의 공격 위협에서 벗어나 일본에 집중할 수 있었다.

소련의 군사력은 제1차 세계대전 이후 독일, 영국, 일본을 잠재적 적대국으로 하여 군사력을 유지하였다. 1920년대는 국가지출의 12~16%를 군사비에 사용하며 150만 이상의 육군을 유지하였고, 1930년대에 군사비가 축소되어 약 60만의 병력을 감축하였으나, 1935년 이후 일본과 독일의 팽창에 따라 육군을 다시 100만 이상으로 급격히 증가하였다.

그리고 해군력은 제1차 세계대전 이전의 70만 톤 이상의 해군력과는 달리 반이하로 줄어든 25만 톤 수준에서 유지되었으나, 항공기 생산력은 1938년에 독일을 추월하여 최대 생산국이 되었다.[134] 소련은 1939년 일본과 휴전협정이 체결된 이후 육군 병력을 서방으로 이동 배치하며 폴란드를 공격하며 연합국에 가세하였다. 소련은 유럽과 동북아시아 국가의 위협에 동시에 대응하기 위해 협력관계를 적절히 이용하였다.

독일과 소련의 해군력은 아주 동등한 수준이었지만, 육군과 국방비에서는 많은 격차를 보였다. 병력 면에서는 소련이 1935년부터 100만 이상을 유지하며 독일의 2배 이상이었고, 국방비도 1938년 이전까지는 소련이 더 많이 투자하였다.

일본은 제1차 세계대전을 기회로 해운업이 크게 성장하고 산업화가 가속화되었다. 일본의 조선업은 1914년 8만 5천 톤에서 1919년 65만 톤으로 생산량이 증가하였다.[135] 이러한 조선업의 성장은 강력한 일본 해군력 건설의 바탕이 되었다. 일본의 해군력은 워싱턴조약에 따라 미국과 영국의 3/5으로 제한되었지만, 1920년 이후 미국과 영국이 주춤하는 사이에 일본 해군은 1920년에 60만 톤, 1935년에 100만 톤을 넘어섰고, 1930년대 후반에는 8,000톤으로 제한된 전함을 1만 톤을 훨씬 넘어서는 야먀토(大和)급 전함을 건조하고, 3,000여 대의 항공기와 항공모함 10척을 보유한 군사 강대국으로 부상하였다. 그리고 육군은 1938년 100만, 태평양전쟁 직전에는 200만 이상의 병력을 보유하게 되었다.

국방비도 1930년도 초 외자를 군사비로 전환하여 정부예산의 31%를 1936년에는 47%까지 투입하였으며, 이후에는 70%까지도 도달하였다.[136] 경제력을 바탕으로 국방비가 1938년에는 1930년보다 8배 이상 증가하였다.

일본의 군사력 증강은 소련, 영국이나 미국을 미래 가상의 적대국으로 고려하였다. 해군은 영국과 미국과의 전쟁을 예상하였고, 육군은 아시아 대륙을 상정하여 소련과의 전쟁을 예상했다.[137] 하지만 최초 일본이 예상한 가상의 적과는 달리 일본 정부의 의사 결정권은 육군의 결정을 우선시하였고, 1937년 중국과의 전쟁을 먼저 시작하였다. 초기에 중국이 항복하고 점령이 쉽게 가능할 것이라는 예상과는 달리 중국과의 전쟁은 제2차 세계대전이 종료될 때까지 교착상태가 유지되었다. 이 상태에서 1938년 소련을 침공하여 새로운 전선을 만들고 또 다른 전쟁 교착상태에 빠졌고 스스로 고립을 자초하였다. 교착상태의 두 전쟁은 국가 경제를 악화시켰고, 생존을 위한 자원과 원유를 확보하기 위해 동남아시아로 팽창의 방향을 수정할 수밖에 없었다.

석유와 자원의 안정적인 확보를 위하여 동남아시아로 방향 전환은 이 지역에 식민지를 보유한 영국과 프랑스와의 대립도 불가피하게 되었다. 그러나 프랑스와 영국의 상황은 동남아시아에서 원정을 통한 전쟁의 수행에는 한계가 있었고, 제1차 세계대전 이전과는 달리 국가 힘의 범위에서 벗어나 있었다. 하지만 새로운 강대국인 미국의 등장과 개입은 또 다른 대립과 갈등을 불러일으키며, 1939년 미·일 무역 협정이 파기되고 대일 수출이 금지되는 등 새로운 충돌양상으로 이어지게 되었다.

일본은 안정적인 남방진출과 태평양으로 진출을 꾀하고, 소련과의 전쟁 교착상태를 마무리하기 위하여 1941년 소련과 중립조약을 체결하였다. 1939년 독·소 중립조약이 소련을 공격하는 일본에게는 큰 충격이었으나, 일·소 중립조약은 1941년 소련을 침략하는 독일을 방어하는 데 큰 도움이 되었다. 이 또한 국가이익 앞에 1945년 소련은 중립조약을 파기하고 일본과 전쟁을 선포하며 승리국의 이익을 챙겼다.

일본과 소련의 군사력은 전반적으로 소련이 압도적이었다. 1939년에는 일본이 우세한 군사력을 확보하였다. 전력별로는 육군이 소련이 1930년 후반에 100만 이상의 병력을 유지하였으나, 일본은 1938년에야 100만의 병력을 보유하였다. 국방비에서도 소련이 일본에 대비하여 최소 3배 이상이었으나, 해군력에서는 일본이 압도적인 수준으로 1935년도에는 약 5배에 가까운 차이를 보기도 하였다.

결국 일본은 1938년 열세의 군사력 균형상태에서 소련과 전쟁을 시작하였다. 일본은 독일과의 동맹상태에서 해군력으로 완전한 제해권(command of the sea)를 확보하고, 열세에 있는 육군력을 전략적 특정 지점에 집중 투사(power projection)를 하였다. 일본과 소련의 전쟁은 두 가지 측면에서 국가 간의 대규모의 직접적인 충돌이라기보다는 양국이 국가이익을 위해 팽창하는 가운데 발생한 충돌이었다.

첫째로 양국은 본토에 공격적인 국가행동을 하지 않았고, 일본은 강력한 해군력으로 소련의 넓은 해안과 항구 등을 공략 또는 봉쇄하지 않았으며, 소련도 강력한 육군을 이용하여 일본의 본토 공략을 고려하지 않았다. 둘째로 전쟁 장소가 중국과 몽골이라는 허약해진 타 국가에서 전쟁을 하였다. 따라서 국제사회에 던져진 허약한 먹이를 서로 잡아먹기 위해 힘이 충돌한 전쟁이었다.

마. 미국과 일본

일본은 중국, 소련과 전쟁이 교착상태에 빠지면서 팽창의 방향을 동남아시아로 돌리기 시작하며 미국, 영국 등과 대립하기 시작하였다.

미국은 제1차 세계대전 당시 유럽의 전쟁 물자 주문 생산 등으로 최대의 국부를 챙기며, 세계 채권국가로서 최고 경제 강대국으로 부상하였다. 하지만 미국은 제1차 세계대전 이후 국제사회에 대한 관심과 참여는 소극적이었으며, 더욱이 군사적 개입은 희망하지 않았고 1937년에는 중립국으로 법률을 공포하였다. 이는 미국의 지도자들이 외교와 군사부문에서 개입은 국제 분쟁을 발생하고 미국의 이익에 큰 침해가 없다면 개입할 이유가 없다고 판단하였다. 그리고 미국 자체로도 자급자족이 가능한 자원과 경제력을 가지고 있었기 때문에 수출이 국내 정치와 경제에 큰 영향을 미치지 못한다고 평가한 데서 비롯되었다.[138]

1930년대에 미국이 국제적 문제에 관심을 가지지 못한 또 다른 이유는 경제적 침체에도 원인이 있었다. 미국의 보호주의 관세로 다른 국가들도 보호무역정책을 채택함에 따라, 미국의 무역은 1929년 13.8%에서 1932년 10% 미만으로 떨어졌으며, 1937년에는 극심한 경제 불황을 맞이하였다.[139] 1930년 중반 제2차 세계대전 당시 미국으로부터 차관을 받은 국가가 부채를 탕감하지 않는 국가에 대해서는 추가적인 차관을 금지하고, 무기수출도 금지하였으며, 이러한 조치에 직접적 타격을 받은 국가는 프랑스와 영국이 되었다. 여기에 이탈리아에 대한 미국의 원유 지원은 영국에게 상당한 위협으로 작용하기도 하였으며, 미국에 대한 불신을 키우기도 하였다.

그러나 미국은 지정학적 이점 등으로 주변국으로부터 큰 위협은 존재하고 있지 않은 상태였다. 워싱턴조약으로 영국과 일본의 해군력 경쟁은 조정되었고, 소련은 고립의 상태를 유지하고 있었기 때문이다. 군사력에서도 육군은 1940년 이전까지 20만 이하의 병력을 유지하였으나, 해군력은 항공모함과 순양함 등의 건설을 추진하며 세계적인 해군으로 발전하며 동시에 공군까지도 창설하였다.

제2차 세계대전 중 미국 군함 건조
(사진: forum.worldofwarships.com)

1930년 후반 루스벨트는 독일과 일본의 팽창을 우려하며, 영국과 프랑스 협력 추진, 국방비 증가와 'Navy Second to Nine Act'를 통해 강력한 해군력 건설을 추진하였다. 1940년대에는 강력한 해군력과 100만 이상의 육군을 보유하며 세계 최고의 군사력을 보유한 국가로 변모하였다. 그리고 변모하는 미국이 독일과 일본에게는 새로운 위협으로 인식되며, 유럽에서 힘겨운 힘의 균형을 추구하고 있던 영국과 프랑스에게는 큰 도움이 되었다. 특히 급성장하는 미국 해군으로 일본 해군의 상대적 수준이 1941년 후반에는 70%, 1942년 65%, 1943년 50%, 1944년에는 30% 이하로 점점 감소될 것이라 예측하기도 하였다.[140]

하지만 일본은 워싱턴 군축회의 결과에 불만을 가지고 있었다. 이 당시 일본의 해군 예산이 국가 세출의 32%를 투자하며 강력한 해군력 건설을 추진하고 있었고, 일본은 영국과 미국에 대한 균형유지를 위하여 해군력 7할 이상을 요구하였지만 받아들여지지 않았다. 최종적으로 해군력 수준이 1922년 미국과 영국의 5대3으로 결정되었고, 일본은 제국 국방방침 2차 수정에서 가상의 적을 러시아에서 미국으로 변경하게 되었다. 1922년 일본의 해군력은 미국의 48% 수준이었고, 1936년에는 73%까지 도달하였다.[141]

일본과 미국의 군사력 변화 추이를 보면 제1차 세계대전 이후 1937년까지 미국이, 1938년 이후에는 일본이, 1941년에 미국이 다시 군사력 우위로 전환되었다.

표 15 미국과 일본의 군사력 비교(단위, %)

구분	1930년	1933년	1934년	1935년	1936년	1937년	1938년	1939년
미국	52	49	50	46	44	43	42	41
일본	42	49	44	45	39	47	62	47
군사력차	10	0	6	2	5	−4	−20	−6

3 전간기 국가들의 군사력 수준과 국가행동

제2차 세계대전 발발 이전의 유럽국가와 미국, 일본에 대한 군사력의 상대적 수준은 35~65% 수준에서 유지되었다. 그리고 대부분 국가들은 어려운 환경에서 힘의 증강을 위해 노력을 하였지만, 제1차 세계대전 이전 상황과는 달리 전후 복구 등 전쟁의 후유증에 시달리고 있었다. 자국의 문제해결에도 허덕이는 상황에서 주변을 돌아볼 겨를이 없었다. 새로운 전쟁의 두려움 등으로 적극적인 행동보다는 불안한 상황을 애써 외면하며 좋은 상황으로 보려고 노력했다는 표현이 정확할 것이다.

힘의 균형을 위하여 대체로 군사력 증강을 했지만, 전반적인 국가행동을 평가한다면 군사력 유지가 적절할 것이다. 제1차 세계대전 이전의 상황과는 달리 적극적인 동맹과 협력의 대립보다는 국가군과 개별국가와의 대립 양상이었다. 패전국 독일과 일본, 이탈리아 약소국들의 협력으로 강대국의 힘을 짧은 기간에 추월하기에는 어려움이 있었다. 또한 전반적인 기간에서 압도적 군사력을 보유한 강대국은 소련, 무시 군사력 수준의 국가는 독일, 이탈리아, 일본이었다.

독일, 이탈리아, 일본의 군사협력은 제1차 세계대전 이후 패전국이었던 독일과 무시 군사력 수준의 이탈리아가 초기 주변 강대국으로부터 생존을 위한 힘의 회복을 추구하였다. 그리고 국가 간의 상대적 힘의 변화에서 패전국 독일이 10여 년간의 군사력 증강에 프랑스는 자강에서도 협력에서도 힘의 증강을 하지 못하였다.

소결론

　제1, 2차 세계대전 이전의 국가 간의 군사력 균형은 35~65% 수준에서 유지되었고, 군사력의 차이는 약 30%였다. 군사력의 균형범위(balance range)가 제1차 세계대전보다는 제2차 세계대전 이전이 근소하게 낮게 나타났다. 제2차 세계대전 이전의 국가들은 제1차 세계대전 이후 전후처리 등으로 군사력 강화에는 한계가 있었고, 현행을 유지하는 데도 애로가 많았으며 군사력 수준의 변화가 상대적으로 적었다. 제1차 세계대전 이전의 강대국은 영국, 러시아, 독일, 프랑스이며, 약소국은 미국, 이탈리아, 오스트리아-헝가리, 일본이었다. 하지만 제2차 세계대전 이전은 소련만이 강대국으로 유지되었고, 이탈리아는 여전히 약소국 수준이었으며, 나머지 국가들은 중진국 수준을 유지하였다.

　그리고 힘의 분포가 변화되는 기간으로 보면, 제1차 세계대전 이전에는 약 24년, 제2차 세계대전 이전에는 약 14년 동안 장기간에 걸쳐 군사력의 변화와 불균형이 서서히 발생하기도 했고, 1935년에는 4년 동안 짧은 기간에 급격히 변화가 발생하는 경우도 있었다. 이러한 장기간 또는 단기간에 발생되는 힘의 변화에 안전을 위한 국가의 선택이 쉬운 것은 아닐 것이다. 하지만 위협국의 힘의 변화와 힘의 분포에 항상 불확실성이 상존하고, 그 변화는 국제환경을 불안정하게 변화시킨다. 그리고 힘의 불균형 상태에서 국가 생존의 선택은 오로지 그 국가가 책임을 질 수밖에 없는 것이 국제사회의 현실이다.

　국가행동의 특징을 살펴보면 독일은 양차대전 이전에 두 번에 걸쳐 최대 강대국으로 부상하고, 프랑스는 두 번의 중요 공격의 대상이 되었다. 프랑스는 제1차 세계대전에는 열세한 군사력을 협력에 의존할 수 있었지만, 제2차 세계대전에서는 협력에 의존할 수 없었다. 그리고 상대적 약소국으로 오스트리아-헝가리와 이탈리아는 최대 강대국으로 도약하는 독일과 동맹을 맺어 국가 생존 능력을 강화하였지만, 전쟁의 결과 오스트리아-헝가리는 멸망으로 이탈리아는 최후의 순간에 결정적인 배신으로 승전국의 지위를 획득했다. 그리고 전쟁의 승리에서는 일시적으로 압도적 군사력을 보유한 국가보다는 장기간에서 걸쳐 압도적 군사력을 보유한 강대국이 결과적으로 승리를 쟁취하였다.

그리고 대륙국가와 해양국가의 특징으로 해양이라는 경계는 국가에 많은 이점을 준다. 제1차 세계대전에서 영국은 압도적인 해군력 우위에서 독일의 침략을 저지하였고, 제2차 세계대전에서 영국이 열세한 군사력에서도 독일의 영국 본토 침략을 차단하고 전쟁을 개입(engagement) 방식으로 국외에서 수행을 수행하며, 그나마 본토의 피폐를 줄일 수 있었다. 또한 해군력으로 병력중심의 육군에 균형을 유지할 수 있었다. 그리고 제1차 세계대전 이전 상대적으로 약소국인 미국과 일본은 해양의 이점을 이용하여 강대국으로 변모하는 발판을 마련하였고, 일본은 러시아와의 대립에서 해군력 우위를 이용하여 불균형을 해소하고, 전쟁에서 승리를 쟁취하기도 하였다.

결국 독일이 영국을 침략하지 못한 이유는 폴 케네디와 미어샤이머가 주장하는 바다의 차단력(stopping power of water)에서 그 답을 찾을 수 있고, 군사력의 비교에서도 확연히 나타난다. 영국은 해양국가(insular state)로 독일, 소련과 같은 대륙국가(continental state)보다 침략당할 취약성이 낮고, 대륙국가는 육상을 경계로 힘의 불균형은 서로 충돌의 가능성이 훨씬 높다. 대양(large bodies of water)은 상대적 육군력의 불균형도 극복할 수 있는 수단이자 상대에게는 장애물이다.[142]

표 16 해양국가와 대륙국가의 해군력과 육군력 비교

구분	육군력		해군력	
독일(1939)	96%	차 : 67%	16%	차 : 76%
영국(1939)	29%		92%	
일본(1935)	35%	차 : 63%	72%	차 : 56%
소련(1935)	98%		16%	

　　결국 제1, 2차 세계대전 이전, 국가들의 행동은 힘의 분포를 변화시키고, 그러한 행동은 상대의 의도(intention)나 행동(behavior)에 대한 예측을 어렵게 만들며, 국제 환경의 불확실성과 불안정을 더욱 증대시키는 결과를 초래한다. 또한 힘의 균형이라는 개념이 범위(range)로 존재 함으로써 자신의 수준을 진단하고 대응하는데 한계를 유발한다. 따라서 국가는 생존과 안전을 위해 가능한 자국의 힘을 증가하여 상대국보다 힘의 우위를 유지하길 원하고, 추가적인 안전장치로 국제사회의 협력을 고려한다. 결국 군축협상보다 군비경쟁의 가능성이 높을 수밖에 없다.

미·소 냉전시기와
동북아시아 국가들의
군사력 수준과 국가행동

냉전시기의 미국과 소련의 군사력 수준과 국가행동

1 냉전시기의 국제적 상황

가. 냉전시기의 상황

제2차 세계대전 이후부터 1990년대 초까지는 승전국인 미국과 소련, 그리고 두 강대국을 중심으로 한 동맹 또는 협력국 간의 대립과 갈등의 시기였다. 이 시기 동안 미국과 소련은 직접적인 군사적 충돌은 없었지만, 동맹과 협력국 간에 대리전 쟁(proxy war), 봉쇄(containment), 재래식 무기를 포함한 핵무기(nuclear weapon)와 우주 전쟁(space war) 등에서 끊임없는 군비경쟁(arms race)을 하면서, 민주진영과 공산진영 간의 힘의 대립이 이루어진 시기라고 할 수 있다.

제2차 세계대전이 종료되면서 추축국인 독일, 일본, 이탈리아는 패망하였고, 승 전국인 영국, 프랑스도 전쟁으로 인한 많은 국력 소모로 중진국으로 전락하는 결과 를 초래하였다.[143] 그러나 미국과 소련은 초강대국으로 부상하였는데, 미국은 바다 라는 경계선으로 자국의 본토가 아니라 해외에서 전쟁을 수행하며 튼튼한 경제력 을 바탕으로 강력한 군사력을 건설하여 파견하였다. 소련은 전쟁이 종결될 무렵 전 쟁 참가를 선언하며, 독일의 힘이 사라진 대륙의 주요 지역을 점령하고 위성국가 와 공산권을 구성하며 바르샤바조약(Warsaw Pact)으로 새로운 힘의 연대를 형성하였 다. 그리고 미국은 승전국을 중심으로 북대서양 조약기구(NATO: North Atlantic Treaty

Organization)를 형성하여 소련 중심의 공산권을 봉쇄하는 힘으로 활용하였다.

냉전체제의 기원은 1946년 처칠(Winston Churchill)이 미주리 풀턴(Fulton, Missouri)에서 '철의 장막(an iron curtain)' 연설을 통하여 '발트해의 슈테틴(Stettin)에서 아드리해의 트리에스트(Adriatic Trieste)에 이르기까지 철의 장막을 형성한다'고 소련의 봉쇄정책을 비난하며, 미국과 영국의 동맹과 협력을 주장했다.[144] 그리고 1년 후 미국의 트루먼(Harry S. Truman) 대통령은 '트루만 독트린(Truman doctrine)'이라 불리는 소련 공산주의의 세력 확장을 방지하고, 소련을 고립하기 위한 '봉쇄정책(containment policy)'으로 강대국의 양극체제(bipolar system)는 시작되었다.

비록 루스벨트(Franklin Delano Roosevelt) 대통령은 스탈린(Iosif Vissarionovich Stalin)에게 제2차 세계대전 이후 2년 이내 유럽에서 모든 미군을 철수할 것이라 말했지만, 소련이 붕괴될 때까지 미국의 소련에 대한 강력한 봉쇄정책은 지속되었고, 소련은 미국의 압력으로 이란에서 철수하였지만, 미국은 독일에서 철수없이 유럽, 동북아시아, 걸프지역 등으로 소련에 대한 봉쇄지역을 확장하였다.[145]

미국은 봉쇄정책의 일환으로 유럽에 대한 경제적 구제를 위한 대외원조계획인 '유럽경제부흥계획(European Recovering Program: ERP)' 또는 '마샬플랜(Marshall plan)' 등을 추진하며 자유진영의 힘을 통합하였고, 소련은 '몰로토프 플랜(Molotov plan)'으로 공산진영의 경제부흥과 공동 방위력을 결집하며 1947년에 폴란드에서 '코민폼(Communist Information Bureau: Conminform)'을 결성하였다. 이러한 대립은 1949년 베를린 봉쇄사건으로 위기가 절정에 달하였고, 서방진영은 NATO를 결성하여 반공산주의 군사동맹을 형성하였다. 그리고 1949년 중국의 공산화로 공산진영이 확대되고 1950년 한국전쟁을 거치며, 미국은 경제원조에서 군사원조로 전환하고 집단적 안보체제를 형성하였다. 소련은 1955년 바르샤바조약기구(Warsaw treaty organization) 체제를 확립하여 냉전체제는 더욱 공고해졌다.[146]

1950년대 소련의 수폭시험 성공으로 핵무기(nuclear weapon)가 더 이상 미국의 전유물이 아니게 되었고, 대륙간 탄도탄 및 인공위성 발사 성공 등으로 핵무기의 위협은 더욱 고조되었으며, 쿠바미사일 위기(1962년) 등을 거치면서 미국과 소련은 핵전쟁이 상호 간의 자멸이라는 인식과 힘의 대립에 한계를 느끼고, 직통전화(hot-line)

설치(1963), 핵무기 축소 등 관계 개선을 위한 노력도 이루어졌다. 그리고 제2차 세계대전의 늪에서 벗어나 경제 발전을 이룩한 서방의 국가들은 독자적 핵무기 개발과 보유를 추진하였고, 특히 프랑스는 중국과 국교 회복과 1966년 NATO체제 탈퇴, 1969년 소련과 중국의 국경 무력충돌, 소련 위성국가들의 반소폭등, 베트남전쟁 등 미국과 소련 중심의 양극체제에 변화를 가져오기 시작하였다.

1970년대에는 다소 화해무드 속에서 미국과 중국의 관계 정상화(1972)와 미·소 지하 핵실험 제한조약체결(1974), 중·소 국가관계 개선 노력 등 동서체제의 변화가 이루어지는 시기이기도 했다. 하지만 아랍의 산유국들을 중심으로 석유(oil)를 힘으로 한 집단행동과 국제경제의 파동과 동요, 제3 세계 세력의 등장과 개입, 소련의 아프가니스탄 침공(1979~1989) 등으로 미국과 소련의 대립과 갈등은 변화되는 국제질서에서 더욱 복잡하게 전개되었다. 그리고 1980년대 중반 고르바초프(Mikhail Gorbachev)의 등장과 탈냉전화는 더욱 급속하게 진행되었고, 1991년 소련이 붕괴되면서 미국과 소련의 초강대국 간의 대립은 사라지고 미국 유일 초강대국 체제로 전환되었다.

표 17 냉전시기 미국과 소련의 군사력 현황

구분		1950년	1955년	1960년	1965년	1970년	1975년	1980년	1985년	1990년
육군력 (천 명)	미국	1,386	2,730	2,306	2,463	3,066	2,130	2,050	2,152	2,180
	소련	4,300	5,800	3,600	2,930	3,535	3,575	3,568	5,300	5,300
해군력 (천 톤)	미국	5,472	-	5,436	-	4,470	-	2,807	-	2,972
	소련	401	-	594	-	547	-	706	-	936
국방비 (Mil.$)	미국	14,559	40,518	45,380	51,827	77,827	90,948	143,981	252,700	304,100
	소련	15,510	29,542	36,960	46,000	77,200	128,000	201,000	275,000	311,000

출처: ① 육군병력: 1950년부터 1985년까지는 ICPSR. "National Material Capabilities Data, 1816-1985" (ICPSR 9903, 1990).; 1990년 이후는 IISS. *The Military Balance 1989-1990.*

② 해군톤수: 1950~1990년은 Conway. *Conway's All the World's Fighting Ships 1947-1995* (1983).

③ 국방비: 1950~1985년은 "National Material Capabilities Data, 1816-1985" (ICPSR 9903, 1990).; 1990년은 "World Military Expenditures and Arms Transfers 1990" (1991).

이러한 미국과 소련은 제2차 세계대전 이후 유럽에서 전 세계로 세력을 확장하면서 끊임없는 군비경쟁으로 군사적인 대립을 하였다. [표 17]에 나타난 바와 같이 소련이 붕괴될 때까지 미국과 소련은 군사력을 증강하며 군비경쟁을 계속하였다.

나. 소련의 붕괴 원인

미국과 소련의 냉전시기 특징은 초강대국을 중심으로 한 피라미드형 구조의 동맹체제 간 세력다툼이었다고 할 수 있다. 이 시기는 민주주의와 사회주의 이데올로기적 '동지와 적'의 구조를 형성하였으며, 상호핵억제와 상호협박에 중심을 둔 '공포의 균형' 상태를 조성하였다. 그리고 양극체제를 유지하기 위한 재정적 부담과 불안감의 증대 등 냉전체제의 구조적 제한으로 인해 냉전이 종식되었다는 주장이 지배적이다.[147]

또 다른 소련의 붕괴 원인으로는 1980년대 후반에서 1990년대 초에 발생한 정치적, 경제적 원인에 기인하는 것으로 러시아에서 발생한 정치적 혼돈과 급격한 경제적 자유화를 들고 있다. 1988년 고르바초프(Mikhail Gorbachev) '개혁(perestroika)과 개방(glasnost) 선언'과 경제정책의 실패로 이어져 연방국가들의 연합력(unilateral)이 급격히 약화되며, 바르샤바 협정(Warsaw Pact)이 붕괴되는 결과를 초래하였고, 연합력의 감소와 더불어 소련 육군 내부에서 징병제를 거부하는 등 내부저항이 발생하였다. 또한 강대국으로서 군사비 유지도 엄청난 부정적 영향을 미쳤는데, 냉전 말기인 1988년에 동유럽 위성국가를 통제하기 위해 매년 170억 달러를 지원했으며, 이러한 지원은 소련에게 견딜 수 없는 부담(intolerable burden)이었다.[148] 결국 1985년에 530만 명의 병력은 400만으로 1989년에서 1991년 사이에 집중적으로 감축되었다.

그리고 오뎀(Odem)은 군수산업(military-industrial)을 시장산업(transfer resources from gun to butter)으로 변화하려는 근본적 체계 변화의 실패, 소련의 군사정책에서 조직, 구조, 인력 및 군사산업 정책 등이 정책 실패의 근본적인 문제였으며, 미국과 경쟁하는 핵무기 정책과 전쟁에 대한 소련의 전통적인 관점과 너무도 달랐기 때문이라고 주장한다.[149]

러시아 경제장관이었던 가이더(Yegor Gaidar)는 소련의 붕괴 원인을 식량(grain)과 석유(oil)에서 찾기도 한다. 과거 식량 수출 대국인 소련의 사회주의 체제에서 생산량 감소는 국가생존의 기본적인 문제를 해결할 수 없었으며, 지나치게 석유에 의존한 경제정책이 실패한 것이라 보았다.

식량문제는 소련이 스탈린식 사회주의 체제를 도입하여 소작주의 땅을 몰수하고 공동농장(collective farm)화함으로써 생산성이 극히 저하되었다. 1950년대 급격한 식량 생산성 저하에 직면한 소련 지도부는 두 가지 전략적 방안에 대하여 생각하였는데, 하나는 남쪽 지방에 대규모의 농업지역(Black soil belt)을 개발하는 것과 다른 하나는 자원(resource)에 집중된 대규모의 사회주의 사업을 변경시키는 것이었다.

그러나 이 두 방안은 모두 무시되었고, 결국 1963년 흐루시초프는 소련의 위성국가들에게 더 이상의 식량지원이 불가하다는 것을 통보하였으며, 이 당시 소련도 1,200만 톤의 곡물을 제3 세계로부터 구매하였다. 그리고 소련의 곡물 생산은 1980년 후반까지 650만 톤으로 더는 증가하지 않은 반면, 인구는 8,000만 명이 증가하였다. 제1차 세계대전 이전까지도 미국과 캐나다보다 더 많은 곡물을 수출했던 러시아가 일본과 중국보다 곡물을 더 많이 수입하는 국가로 변했다.[150]

그리고 소련은 석유나 가스와 같은 원재료(raw commodities)를 수출하는 국가였다. 시베리아의 석유지역은 큰 자원이었으나 생산량의 증가를 위한 생산시설에 대한 투자와 확대가 문제였다. 1970년 중반 오일쇼크는 소련에게 큰 행운이었으며, 그 당시의 생산량으로도 몇십 배의 경제적 성과를 얻을 수 있었다. 따라서 석유 가격의 고공행진이 필요하다고 느낀 소련의 지도부는 KGB를 이용하여 아랍 테러 분자들에게 석유지역 공격을 지원하기도 하였다.

나아가 소련은 아프가니스탄 침공을 위해 추가적인 전쟁비용을 석유로 충당하려 하였다. 하지만 아프가니스탄 문제는 중동에서 지역문제로 비화하였고, 1979년 사우디아라비아는 소련의 아프가니스탄 침공을 중동 오일지역을 통제하기 위한 첫 단계로 인식하며 미국의 보호(protection)에 관심을 가지게 되었다. 1985년 사우디아라비아는 석유의 생산을 증가시켰고 석유가격은 현실화되었다. 결국 소련은 연간

약 200억 달러의 손실을 보게 되었고 생존할 수 없는 상황까지 직면하게 되었다. 따라서 동유럽 위성국가와 물물교환 형태의 석유와 가스 수출을 중지하였고, 식량수입의 감소와 군수복합산업(military-industrial complex)은 급격히 감소하였다.[151]

국제 구조적 측면에서 미국과 경쟁하는 소련이 양극체제를 유지하기 위하여 장기적 재정적 부담과 불안감의 증대, 내부적 측면에서 사회주의체제의 한계에서 개혁·개방 정책의 실패를 주원인으로 보기도 한다.

② 미국과 소련의 상대적 군사력 수준과 국가행동

가. 미국과 소련의 군사력 분석

제2차 세계대전 이후부터 미국을 중심으로 한 서방국가와 소련은 서로 상호불신하며, 서방은 유럽에서 군사 대국인 독일이 사라진 자리에 새로운 군사 강대국인 소련이 유럽의 힘으로 자리 잡는 것을 두려워하였다. 미국과 소련이 제2차 세계대전 당시 독일과 일본이라는 공동의 적에 대항하여 함께 협력하며 싸웠지만, 이 협력이 서로 신뢰와 믿음을 가지고 영원히 협력하리라 생각하는 사람도 없었다. 영원한 협력은 국제 현실에서 이상(idea)이라는 것을 보여주는 또 하나의 사례에 지나지 않는다.

공동의 적이 사라진 자리에 새로운 두 강대국이 국제질서에 자리 잡으며, 새로운 자기 이익을 위한 견제와 대립을 시작하였다. 과거 제1, 2차 세계대전에서 발생한 사례에서와 같이 자국의 생존을 위해서는 협력과 배신은 당연하며, 그 위협이 사라지면 새로운 힘에 대한 두려움과 불안정으로 이어지는 국제정치의 현실은 냉전시기에도 이어졌다.

미국과 소련은 냉전시기 동안 서로를 적대국으로 군비경쟁(arms race)과 힘의 확장(expansion of power)을 하며 무한 경쟁을 하는 듯 보였다. 소련이 붕괴될 때까지 수십 년 동안 미국과 소련은 군사력 경쟁을 하였다.

그림 7   냉전시기 주요 국가 군사력 변화(단위, %)

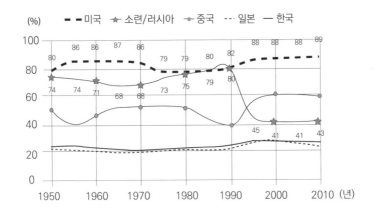

미국과 소련의 군사력 변화는 제1, 2차 세계대전 이전 국가들의 상대적 군사력 차이에 비추어 볼 때, 적은 차이에서 대체로 안정적이고 균형된 상태를 유지한 것으로 평가된다. 양 강대국 간의 상대적 군사력의 차이는 평균 9% 이내에서 유지되며, 제1, 2차 세계대전과 비교해 보아도 팽팽한 균형을 유지하였다. 제2차 세계대전 이후 양국의 군사력 수준은 1950년대까지 미국이 우세한 균형을 유지하였다. 그러나 1960~1970년에 양국의 군사력 격차가 15~19%로 냉전기간 중 가장 심하게 발생하였고, 특히 1965년에 격차가 최고도에 도달했던 것으로 나타났다.

1980년부터 양국 간 군사력의 주요한 변화가 발생하는데, 소련의 군사력이 급격히 증가하며, 1990년에는 양적인 측면에서 미국의 군사력을 추월하는 수준에 이르게 되었다. 하지만 미국도 이 시기 군사력을 증대하며 소련과 균형을 유지한다. 결국 소련은 미국의 군사력 대비 가장 열세였던 1965년부터 미국을 추월하고 붕괴될 때까지 약 25년 이상 지속적으로 군비증강에 주력했다.

장기간에 걸친 소련의 노력에도 불구하고 미국의 힘을 일시적으로 추월은 하였지만, 미국을 제압할 수 있는 압도적인 군사력의 우위를 확보하지는 못했다. 장기간의 군비경쟁은 제1차 세계대전 이전 독일이 프랑스와 군비경쟁을 한 기간과 거의 같으며, 1965년 실질적인 군사력의 증강을 시작한 시기로부터는 제2차 세계대전 이전과 비슷한 기간이었다. 결국 소련은 장기간에 걸친 미국과 군비경쟁에서 패배하였을 뿐만 아니라 여러 국가로 해체하기에 이르렀다.

나. 소련의 팽창정책과 미국의 봉쇄정책

냉전의 시작은 양 강대국 상호 간의 불신에서 시작되었는데, 1945년 독일의 붕괴로 소련이 유럽의 강대국으로 등장했고, 아시아에서는 일본 제국주의가 몰락하였다. 소련은 제2차 세계대전 이후 강력한 군사력과 경제력을 바탕으로 사회주의 계획(socialist program)에 따라 적극적으로 팽창정책(expansion policy)을 추진하였다. 미국과 서방의 봉쇄정책(containment policy) 위협으로부터 자국을 방어하고 고립을 탈피하기 위하여 유럽에 위성국가를 형성하고, 아시아, 아프리카, 중동 등과 같은 비동맹국과 블록(block) 형성 등 국제사회에서 영향력 확대를 위한 정책을 강력히 추진하였다. 미국은 제2차 세계대전 이후 소련이 붕괴될 때까지 강력한 봉쇄정책을 추진하였고, 이 봉쇄정책은 유럽, 동북아시아, 걸프지역 등으로 확대되며 소련의 팽창에 대한 억제(deterrence)를 지속하였다.[152]

미국과 소련은 강대국 간의 직접적인 전쟁이나 충돌은 발생하지 않았지만, 세력의 팽창과 봉쇄라는 힘의 역학 구도에서 양국 간에는 정치적, 경제적, 군사적으로 힘의 대립(confrontation), 경쟁(competition), 갈등(conflict)이 지속 발생하였다.

1) 미국

미국은 제2차 세계대전 이전 독일을 중심으로 형성된 반공동맹에 대하여 긍정적인 태도를 취하며, 공산주의 확산에 대하여 매우 부정적이었다. 이러한 국가 의지는 제2차 세계대전 이후에도 그대로 유지되었다. 소련 중심의 사회주의 확산은 자본주의의 대표적인 국가인 미국으로서 이를 용인할 수 없었으며, 사회주의 확산은 미국에게 정치적, 경제적으로 국가이익에 도움이 되지 못하는 것으로 평가하였다. 따라서 미국은 사회주의 확산에 대한 봉쇄정책(containment policy)과 롤백(roll-back) 정책을 추진하며 '힘의 우위(power superiority)'를 추구하였다. 그리고 과거 식민국가들은 민족해방운동으로 독립을 쟁취하고, 제3 세계국가를 형성하며 사회주의를 지향하려는 국가들이 많았고, 이러한 국가에 소련의 적극적인 개입과 영향력을 차단하려 주력하였다.

미국 봉쇄정책의 핵심 블록은 서독을 중심으로 하는 서유럽국가들과 일본이었다. 이들 전략적 동맹국에 대하여 마샬계획의 추진 등으로 경제부흥을 지원하며 북대서양조약기구(NATO)를 형성하고, 일본과는 군사동맹을 구축하여 소련의 팽창을 적극적으로 저지하였다. 이 국가들은 미국의 군사적, 경제적 지원 속에서 안정적으로 부유한 국가로 성장하며, 1980년 이후 미국의 경제력과 견줄 만한 수준에까지 도달하였다. 그리고 미국의 소련에 대한 유럽의 봉쇄정책은 비록 프랑스가 NATO 이탈 등 독자노선을 주창하기는 했지만, 냉전시기 동안 성공적인 성과를 보았다.

그러나 유럽과 달리 아시아에서 미국의 봉쇄정책이 쉽지만은 않았다. 1950년대 중국의 공산화는 미국의 봉쇄정책에 지대한 영향을 주었으며, 동북아시아에 대한 정책의 변화를 의미했다. 1950년 한국전쟁 참여도 사회주의 확산 방지라는 봉쇄정책의 일환으로 초기 해군과 공군의 지원에서 지상군 지원까지 확대되었다. 이 전쟁에서 500억 달러의 전비와 54,000명 이상이 전사했으며, 한국에서의 미군 주둔을 지속하게 하였다. 그리고 동아시아에서 공산화를 방지하기 위한 대만, 필리핀, 인도네시아 등에 적극적인 군사적 행동과 개입을 하는 계기가 되었다.[153]

이러한 미국의 봉쇄정책은 1950년 당시 미국의 군사비 지출이 14.5억 달러로 소련의 15.5억 달러에 비해 낮았지만, 1951년을 기하여 미국의 국방비는 소련의 국방비를 추월하며 1955년까지 급격히 증가하는 결과를 가져왔다. 또한 1953년 한국전쟁의 종전과 더불어 소련의 직접적인 유럽 공격에 대비하여 미국의 지상군 전력이 현장(on the ground)에서 직접적으로 저지하는 동맹 전략으로 전환하며 미국의 병력도 증원하였다.[154]

강력한 핵무기와 재래식 무기를 보유하고, 경제적, 효율적인 군을 보유한 미국의 베트남전쟁 패배는 세계 최고 강대국의 위상에 큰 타격을 주었다. 미국은 전쟁 당시 여론의 눈치를 보며 대규모의 인명 손실에 신경을 써야 했으며, 공산주의의 중심국인 소련과 중국의 연합국으로 적극적인 개입을 방지하기 위해 예비군 동원과 전시 경제체제로 전환하여 전쟁을 수행할 수 없는 제한전쟁(limited conflict)으로 전쟁을 수행하였다.[155]

베트남전쟁으로 1970년부터 미국의 국방비는 연속적으로 증가하게 되었다. 하지만 소련의 국방비 역시 증가되며, 1975년에는 미국을 추월하였고 군사력도 급격히 증가하며 미국과 대등한 수준을 달성할 수 있게 되었다. 그리고 베트남에 대한 많은 전쟁 비용의 투입은 동맹국과 민족해방운동 및 사회주의 운동이 다시 불붙기 시작한 제3세계에 대한 원조 축소를 의미하기도 하였다. 이러한 원조의 축소는 다른 국가에 불신을 주는 결과를 초래하였고, 미국의 위상과 행동에 제한을 줄 수밖에 없었다.

이 전쟁으로 미국은 과거 경제력과 군사력이라는 힘을 바탕으로 소련과 대결 구도의 국가정책에서 화해와 협력의 데탕트(detente)라는 새로운 접근으로 국가행동 방향을 변경하게 되었다. 미국은 데탕트로 사회주의 국가에 대해 무역 최혜국 대우 등 경제적인 당근(carrot) 전략으로 폴란드 등에서 상당한 성과를 보았다. 그리고 중국과도 관계 정상화를 추진하고 중동에서 이스라엘, 이집트와 화해하는 등 정책변화를 추구하였다.

하지만 제3세계에 대한 통제는 예측 불가능한 상황이 많았고, 소련의 제3세계에 대한 팽창주의도 지속되었다. 소련의 아프가니스탄 침공으로 미국은 전략무기제한협정(SALT II) 폐기와 곡물 수출금지 등 소련과의 대립이 더욱 격화되고, 1980년에 접어들면서 미국과 소련은 다시 급격한 군비경쟁에 돌입하였다. 특히, 미국의 레이건(Ronald Wilson Reagan) 정부는 소련을 '악의 제국(Evil empire)'[156]으로 지칭하며, 신냉전체제로 돌입하며 미국의 군사력을 한층 강화시켰고, 1960년대부터 시작된 소련의 군사력도 더욱 강화하게 되는 결과를 초래하였다.

냉전시기 동안 미국의 전략은 유럽, 동북아시아, 페르시아만 지역을 전략적 관심지역으로 두고, 이 지역에서 소련의 어떠한 지배와 우세도 허용하지 않으려 하였다. 유럽은 소련 육군에 직접적인 위협을 받는 지역으로 유럽의 방어는 미국의 최우선 전략이며, 동북아시아의 부유한 일본과 페르시아만의 석유도 포기할 수 없는 지역이었다.[157] 냉전시기 동안 미국은 광범위한 세계로 소련의 팽창을 억제하기 위한 봉쇄정책을 추진하면서 군사력의 증강 및 해외 전개와 개입을 하였다.

2) 소련

1950년대 소련의 공산주의는 중국과의 분쟁, 동구 국가들의 이탈 등으로 공산 세계의 분열이 심각하게 발생하자, 소련의 팽창 방향을 제3세계로 바꾸기 시작하였다. 제3세계에 대한 소련의 개입 정책은 러시아 제국에서부터 유래되었다. 제2차 세계대전 이후 많은 민족과 국가들이 식민제국들의 붕괴와 독립 국가로 재탄생되었고, 여기서 발생되는 이익을 얻기 위하여 소련은 과거 식민국가에 대한 포용뿐만 아니라 미국의 봉쇄정책에 대하여 반소련연합(Anti-Soviet alliance) 형성을 방지하고자 하였다.

제3세계에 대한 소련의 지원은 경제적인 지원에서 군사적 지원까지 다양하게 전개되었다. 1953년 인도와의 무역협정 체결, 1950년대 중반 이집트 원조를 시작으로 이라크, 아프가니스탄, 북예멘, 쿠바와 베트남 등 광범위한 소련의 제3세계로 힘의 팽창은 미국을 자극하였고, 힘의 균형을 위해 새로운 지역에서 경쟁 관계를 형성하였다.

1956년 20차 공산당 회의에서 흐루시초프(Khrushchev)는 '제국주의 식민체제의 붕괴는 전후(戰後) 세계 역사의 주요한 발전'이라 주장하며, 제3세계의 개입정책을 강조하였다.[158] 그리고 미국도 1960년대 인도네시아, 베트남전쟁 참여 등 사회주의 국가들의 대부분이 1980년대 시장경제 체제로 변화될 때까지 계속해서 지원하였다. 이러한 제3세계에 대한 미국과 소련의 경쟁적인 지원은 국력의 엄청난 소모를 강요하기도 하였다. 대부분의 제3세계국가들은 제2차 세계대전을 거치면서 식민 지배로부터 독립을 위하여 강대국의 개입을 적절히 이용하면서도 종속되기를 거부하며 소련과 미국의 의도대로 움직이지 않았다.[159]

소련은 1965년 이후 급격한 군사력의 증가가 이루어지는데, 그 원인은 쿠바 미사일 위기의 치욕과 서방과의 관계 악화, 제3세계에 대한 개입(engagement)과 팽창정책(expansion policy)에 기인하고 있다.[160]

제3세계에 대한 개입정책에서 가장 큰 장벽은 미국과 중국이라고 할 수 있다. 미국을 중심으로 하는 서방과 대치(confrontation)하며, 미국의 봉쇄정책에 대응하여 세계 곳곳에서 경쟁하고 있는 상태에서 새로운 경쟁자와 적대국이 생긴다는 것은 소련에게 큰 위협이었다. 새로운 전선의 형성은 소련 힘의 분산을 의미하고, 그 위협이 바로 사회주의 국가인 중국이었다.

중국은 정치적 맥락에서 소련의 도움 없이 독자적으로 사회주의 국가를 건설하였고, 독자적인 노선을 추구하며 소련과 미국 양국에 모두 위협이 되었다. 소련과 중국 관계에서 1949년 스탈린과 마오쩌둥(毛澤東)은 좋은 관계는 아니었지만, 1950년 양국은 우호조약을 통하여 동맹관계를 유지하였고, 한국전쟁과 대만문제에서 미국과 심각하게 대립하며 소련과 경제적, 군사적 협력을 통하여 미국에 공동으로 대응하고 있었다. 하지만 소련의 흐루시초프와 브레즈네프 시기[161]에 중국과의 관계는 최악의 상태가 유지되었다.

1959년 중국과 인도 간 국경분쟁으로 소련은 중국과의 원자력협정을 파기하고, 인도에 차관을 지원함으로써 관계는 급속히 악화되었다. 1960년 루마니아의 부쿠레슈티(Bucharest)에서 열린 공산당 회의에서 상호 사회주의 이념에 대하여 양국은 서로 맹비난을 하였고, 이후 국경분쟁으로 양국 간의 모든 조약과 협정은 파기되었다. 그리고 이러한 양국의 비난은 국가적 분쟁으로 발전하여 양국은 군사력을 국경선에 집중 배치하였고, 1969년 우리수강 홍수로 인한 자만스키(Damansky, 젠바오(全寶島)의 소유권을 놓고 무력충돌이 발생하였다.

군사력의 대치는 더욱 확대되어 중국군 80만과 소련군 60만이 대치되기도 하였고, 소련은 핵전쟁까지도 고려하였다.[162] 이 시기에 소련은 동과 서로 나누어진 2개의 전선(confrontation)이 확실히 형성되었다는 것을 브레즈네프의 블라디보스톡(Vladivostok) 연설에서 명확히 알 수 있다.[163] 2개 전선의 형성은 추가적인 군사력의 증강뿐만 아니라, 2개의 전선을 얼마나 효과적으로 연결(coalition or combination of forces)할 것인가도 전략적인 과제였다.

소련에게 중국의 또 다른 위협은 제3세계에 대한 정치적 영향력 확대, 서방과의 화해와 협력 가능성이 또 다른 위협이었다. 이러한 중국의 위협을 견제하기 위해 소련은 제3세계에 대하여 중국의 영향력을 봉쇄하는데 정책적 목적과 방향도 가지고 있었다. 특히 인도는 사회주의 계획과 중국의 견제 국가로서 20년 이상 소련과 유용한 관계를 발전시켰다. 그러나 인도가 소련의 가장 큰 원조국이자 무기 수출국이며 중국의 견제 국가로서 역할은 성공하였지만, 사회주의 계획은 실패하고 아시아의 또 다른 거대한 공산주의 경쟁국이 되고 말았다.[164]

소련의 쿠바와 베트남 개입은 어느 정도 성공적이었지만, 가장 큰 장애물은 미국의 군사력 개입이었으며, 제3세계에서 소련의 가장 큰 영향력 또한 군사원조와 무기 제공이었다. 1961년까지 15년 동안 쿠바의 혁명 제국을 위해 군사력 지원에 99억 달러 이상을 제공했고, 쿠바만이 사회주의 계획에 따라 성공적인 공산주의 국가를 건설하고 끝까지 소련을 추종하는 국가였다. 그리고 베트남은 가장 큰 군사원조를 제공한 국가였다. 그러나 베트남에서 공산주의 승리는 소련에게 대리전쟁에서 승리한 큰 의미가 있었지만, 전후 소련의 영향력은 크지 않았다.

그리고 동서에서 소련의 행동이 안전(secure)에 집중되었다면, 중동으로의 팽창은 경제적, 정치적 영향력 확장에 중점을 두었다. 1973년 중동전쟁 동안 아랍의 요구에 미국에 견줄 만한 무기와 군수물자에 대한 공수지원을 하였다. 그 수준은 당시 미국이 800대 이상의 군용기를 이집트와 다른 아랍 국가에 지원하고 있던 것과 상응한 수준으로 지원하며 소련의 강력한 힘(superpower)에 대한 능력과 준비태세를 세계에 보여 주었다.[165] 1960년 후반까지 소련의 해군력 증대의 목적이 미국 항공모함과 핵잠수함에 대응하는 것이었다면, 1970년대에는 제3세계에 대한 소련의 현시 (Soviet presence)였다고 할 수 있다.[166]

소련의 제3세계에 대한 개입과 팽창(expansion)정책의 목적은 국가안보와 강대국 위상의 확대였다. 소련의 국가안보 정책은 미국을 중심으로 하는 민주주의 서방 국가들에 대한 불신과 봉쇄정책으로 인한 고립에서 탈피하여 사회주의 국가 블록을 형성하여, 서방과 힘의 균형을 유지하기 위한 정책이었고, 또 다른 목적은 사회주의 원조국가로서 힘과 위상을 유지하기 위한, 이미지(image)와 역할(role)에 대한 영향력 (influence)을 확대하는 것이었다.

그러나 제3세계에 대한 소련의 원조와 지원정책 대부분 실패로 끝나고 만다. 특히, 1960년 콩고(Congo) 위기에서 카사블랑카 블록(Casablanca bloc, 기니(Guinea)-가나-말리-모로코-UAR)의 붕괴는 소련에게 커다란 실망을 안겨주었다. 실패의 원인은 제3세계의 국가들이 사회주의적 발전은 추종하였지만, 그 국가들의 지도자들이 대부분 사회주의자들이 아닌 독재 지도자들로 소련의 경제적 지원과 군사원조에만 관심을 가지고 있었기 때문이다.

표 18   소련의 경제 및 군사력 원조 현황

경제 원조(단위: mil.$)		군사력 원조(단위: mil.$)	
11,767 (1954~1976년)		24,875(1955~1977년)	

1967년 : 291
1969년 : 494
1970년 : 198
1972년 : 802
1975년 : 1,229
1976년 : 875
1977년 : 390
	1. 인도 : 1,943
	2. 이집트 : 1,300
	3. 아프가니스탄 : 1,251
	4. 터키 : 1,180
	5. 이란 : 750
	* 쿠바, 베트남, 북한
	  은 소련과 특별한
	  관계로 제외
		1967년 : 525
		1969년 : 350
		1970년 : 1,150
		1975년 : 2,000
		1976년 : 2.450
		1977년 : 4,000
			1. 베트남 : 2,481
			2. 이집트 : 2,365
			3. 시니라 : 2,015
			4. 이라트 : 1,795
			5. 인도 : 1,365
			6. 리비아 : 1,005
			7. 이란 : 611
			8. 북한 : 480
			9. 쿠바 : 355

출처: William H. Luers. "The U.S.S.R. and the Third World." *Collection of papers for THE U.S.S.R. AND THE SOURCE OF SOVIET POLICY Seminar* (The Wilson Center in Washington D.C., 14th APR. ~ 19th MAY 1978). www.wilsoncenter.org. (검색일: 2013. 7. 14). pp.24~29. 자료를 종합한 것임.

경제지원과 군사원조로 과거 아프리카, 아시아 식민국가들의 체제를 사회주의로 전환할 수 있다는 예측은 잘못된 것이었고, 그 국가들의 행동은 예측불허라는 것을 뒤늦게 인식하게 되었다. 그리고 주요 장애요인 중의 하나는 과거 식민국가들의 생활방식에 서방의 사회적 전통이 자리 잡고 있었기 때문이었다.[167] 이러한 제3세계에 대한 경제적 지원과 군사력 원조는 많은 소련의 국력을 소진하는 결과를 초래하였다.

1970년대 소련-서독 조약[168]은 소련에게 유럽의 상황을 그대로 유지하는데 유용한 조약이었다. 이 조약으로 소련은 서방의 3대 강국, 미국, 영국, 프랑스와 안정적인 관계를 유지하고, 1972년 베를린협정으로 이어졌다. 결국 소련은 서방 전선

(western frontier)을 평온하게 유지하는 동시에 군사력 향상의 기회를 가지며, 동방 전선(eastern frontier)에 집중할 수 있는 기간으로 활용할 수 있었다.[169]

소련과 미국의 경제적인 관계를 정치적 관계로 연계하였고, 미국의 당근정책으로 화해무드가 조성되었으며, 그 대표적인 예가 1974년 미국이 사회주의 국가에 무역 최혜국의 대우와 국가의 인권을 연계한 Jackson-Vanik 개정안이다. 이러한 미국의 유화정책은 소련 경제에도 많은 영향을 주었으며 양국 간의 관계 개선에도 기여하였다.

1970년대 후반에 미국의 정치적 당근이 사라진 이후에도 1975년 서독의 수출이 4%대로 감소했음에도 불구하고 소련의 수출은 46%로 증가하는 등 소련에 정치적 이익을 주었을 뿐만 아니라 경제적인 관계는 동서가 따로 없다는 것을 보여주었다.[170]

3) 군비경쟁과 군사력 균형

미국과 소련의 군비경쟁(arms race)은 미국 정부의 다양한 공개된 비밀자료에서도 확인할 수 있다. 1965년 미국 군비통제국(United State Arms Control and Disarmament Agency: ACDA)의 세계 군사비 분석 자료에서 1965년 세계의 국방비는 미국과 소련 중심의 동맹국에 집중되어 있다고 평가하고 있다.[171] NATO와 바르샤바 동맹국들의 국방비가 전 세계의 84%를 차지하고, 미국과 소련이 64%(920억 달러)를 차지하고 있었다. 병력은 NATO국이 600만 명, 바르샤바조약국이 420만 명으로 세계병력(약 2,100만 명)의 절반을 차지하고 있었다. 그리고 저개발국(under developed countries)들의 군사비도 연간 160억 달러 이하에서 180억 달러 이상으로 연간 20억 달러씩 증가하고 있다고 분석되었다.

이러한 저개발 국가의 순수 경제원조(economic aid)가 약 70억 달러였다는 사실과 비교하면 저개발 국가에 대한 국방비 지출은 엄청난 수준이라는 것을 알 수 있다. 그리고 이 당시 세계적으로 연간 국가의 국방비는 GNP의 평균 6~8%를 지출하고, 일부 국가에서는 20%를 넘어서는 국가도 있었다.

그리고 미국 의회 연구보고서[표 19]에서 1962년 쿠바미사일위기 이전과 이후의 안보상황 변화와 군사력의 큰 변화를 비교했다.[172] 1962년 이전 미국의 군사력은 소련의 군사력에 우위를 유지하며, 안보이익(security interest)을 세계적으로 확대할 수 있었다. 그러나 소련은 쿠바미사일위기시 미국의 군사력에 밀려 쿠바에서 미사일을 철수해야만 했다. 그 이후 소련의 급격한 군사력 증가로 미국의 군사력이 상대적으로 급격히 감소된 것으로 평가하였다.

하지만 1960년대 미국과 소련의 군사력은 균형수준으로 유지되었고, 소련을 억제(deterrent)하고 방어하기에 적절했다. 일부 병력, 탄두, 항공력 등에서 열세에 있는 것은 사실이었지만, 전반적 군사력 수준에서는 소련을 능가하고, 미국이 추구하는 소련의 봉쇄(containment)도 적절히 이루어졌고, 연합국과 자유세계의 방어도 충분하였다. 미국의 유럽 핵전력은 소련의 군사력을 억제하였고, 전략공군은 소련의 공격을 사전에 차단하고 방어할 수 있었다.

그리고 소련의 연안해군은 미국의 해양통제권에 저항하기에는 역부족이었고, 소련 육군 또한 군수지원이 미국의 전술항공기로 차단되어 병력의 우세라는 장점을 살릴 수 없는 상황이었다. 따라서 미국은 1960년대 전반적인 군사적 대립영역(conflict spectrum)에서 우발상황에서도 소련을 대응하기에 충분하였다.

표 19　1960년, 1981년 미국과 소련 군사력 비교

구 분		미국	소련	차이(미국-소련)
병력 (명)	1960년	2,476,000	3,623,000	-1,147,000
	1981년	-	-	
폭격기 (대)	1960년	1,805	1,160~1,190	+615~645
	1981년	2,910	505	+2,405
탄도미사일 (탄두)	1960년	60(60)	98 이하(100 이하)	-38~0(-40 이하)
	1981년	7,192(-)	6,308(-)	+884
사단수 (개)	1960년	17	136	-119
	1981년	19	82	-63

공군력 (대)	1960년	3,105 (항모 항공기 포함)	5,000	−1,895
	1981년	2,667	3,725	−1,058
해군력 (대)	1960년	항모 23 전투함 280 잠수함 111	항모 0 전투함 160 잠수함 404	+23 +120 −283
	1981년	항모 24 (헬기항모 12 포함) 전투함 171 잠수함 84	항모 4 (헬기항모 4 포함) 전투함 904 잠수함 278	+20 −733 −194

출처: John M. Collins. "UNITED STATE/SOVIET MILITARY BALANCE" IB78029 (Washington D.C.: Congressional Research Service, 1981 Originated 1978). pp.16~22. 종합.

그러나 1981년 양국의 군사력 균형은 과거 20년과는 달리 긍정적이지 못하였다. 핵무기전략에서는 미국의 전략 항공전력이 여전히 소련보다 우위에 있었지만, 1975년부터 소련의 초음속 백파이어(Backfire) 폭격기가 여러 전방기지에 전개하여 미국에 열세한 핵무기 능력을 극복하고, 미국에게는 추가적인 방공전력 배치를 강요하게 되었다.

그리고 소련의 전방 폭격기 운용에 대응하기 위하여 미국은 B-52 폭격기를 개조하여 순항미사일(cruise missile)을 탑재하여 운용하는 개념으로 발전시켰다. 미국의 소련 핵공격에 대한 평가는 미국 인구의 반 이상이 사망하고 3,500만 명 이상이 심각한 손상을 받을 것이며, '확증파괴(assured destruction)'가 불가능한 것으로 보고, 미국 본토 방어에 심각한 문제가 있음을 지적하고 있었다.

그리고 전통적 군사력에서도 소련의 군대는 양적인 면에서 '대량(mass)' 전략을 추구한 반면, 미국은 '경제적인 군(economy of force)'을 추구하였다. 미국의 질적인 군대는 소련의 양적인 군대에 융통성이 부족하며, 질적 군대의 한계를 지적하였다. 비록 소련의 육군이 전통적인 대규모 병력에 의존하며 공군과 해군도 육군의 부가적인 역할로 활용하였고, 미국 육군과 해병대와의 질적인 차이도 큰 격차를 보였다. 한 예로 미국의 탱크가 기동 중에도 사격이 가능했고, 화력에서도 사거리 증대와 높은 정확도, 폭발력이 증가되었지만, 미국의 질적인 우수성이 소련의 양적인 문제를 극복하기에 제한성이 있다고 보았다.

미국은 육군 16개 사단과 해병대 3개 사단으로 유럽, 한국, 중동 등 전 세계에 전개하여 다양한 우발적 충돌상황에 적절히 대응하기에 한계가 있었다. 그리고 미국의 병력동원이 9~10주가 소요되는 상황을 고려한다면 문제는 더 심각했다. 이러한 미국에 대응하는 소련 육군은 7개 항공사단(airborn division)과 합동작전으로 다양한 임무(multiple contingency)에 기동성 있는 작전이 가능했다.

공군(tactical air force)은 소련군이 아닌 다른 국가에 대하여 단일 대규모의 충돌에는 대처가 가능하지만, 다른 지역에서 소련과의 주요한 이익에 대처하기에는 소련의 기동 방공전력과 대량의 공군력에 대응하기에는 역부족이었다고 평가했다.

해군은 미국의 항공모함을 중심으로 한 기동부대가 소련의 위협으로부터 해상교통로를 보호하고 우군의 안전한 이동을 지원했다. 그러나 1960년대 초 소련은 해상에서 미국에 대응 가능하고, 국가 목적을 달성할 수 있는 현대화된 해군력 건설을 위해 국가적 차원의 혁신적 개선을 추진하였으며, 핵전쟁 시 힘의 투사와 평시 해상전개억제(sea-based deterrence)를 위해 항공모함, 수상함, 잠수함의 방어능력 확충과 순항미사일을 탑재하였다. 특히 소련 잠수함은 1981년 순항미사일 발사관이 미국의 132개보다 많은 432개로 크게 증가하였다. 실제로 1965년 이후로 소련의 군사력은 급격히 증가하며, 1980년대 미국의 군사력과 대등한 수준을 보였다.

특히 해군력에서 미국과 소련의 군비경쟁은 장기간에 걸쳐 발생하였지만, 해군력의 가치에 대한 정책적 판단과 전략적 운용에 대한 개념의 차이도 많았다. 미국 해군은 제2차 세계대전을 종료하며 세계 최대의 해군력을 보유하였다. 1950년 톤수 면에서 소련의 10배 이상을 보유하며 1970년까지도 큰 변화는 없었다. 하지만 일부에서는 핵무기의 등장과 장거리 폭격기를 이용한 핵무기 운용으로 항공모함 등 전통적 해군력 보유와 가치에 대하여 의문을 제기하기도 하였다.

소련의 경우 제2차 세계대전 당시 대규모 잠수함부대의 미미한 전과와 해군력의 대부분이 육군의 도하작전이나 육군을 지원하며 육지에서 싸웠기 때문에 전후에도 스탈린은 연안 방어를 위한 잠수함부대 강화에만 치중하였지 해군력에 대한 전략적 개념과 장점을 이해하지 못하고 있었다. 그리고 흐루시초프 또한 핵미사일 시대에서 대형 군함의 건조 목적이 없다는 견해를 가졌으며, 서방의 정치인이나 공군들도 같은 생각을 하는 인물들이 많았다.[173]

그러나 미국은 전후 해군력의 일부 축소는 있었지만, 핵추진 항공모함, 핵 전략미사일 잠수함 등 해군력의 활용방안을 모색하였다. 이러한 노력의 결과로 미국 해군은 베트남전쟁, 한국전쟁, 중동전쟁 등을 통해 상륙작전, 항공기지, 군사지원 등 다양한 역할을 수행하며 그 역할과 가치를 인정받았다.

소련도 쿠바미사일위기에서 미국의 해군력에 정치적으로 굴복하며, 강력한 해군력 없이는 더 이상 세계에서 힘의 균형을 유지하는 것이 어렵다는 것을 인식하였다. 그리고 1960년대부터 대대적인 해군력의 증강과 제3세계로의 세력 확장과 더불어 지중해, 인도양, 서아프리카, 쿠바 등 해외 전개도 강화하였다.

이와 같은 초기 지도자의 해군력에 대한 전략적 사고의 부족으로 전후 해군력 건설에 관심이 적었고, 쿠바위기를 거치면서 중요성을 인식하고 해군력 건설에 박차를 가하였다. 하지만, 전략적, 작전적 운용의 한계에서 진행한 해군력 현대화는 소련이 붕괴될 때까지 미국 해군력의 반에도 미치지 못하며, 해군력의 건설이 짧은 시간에 이루어지는 것이 아니라, 국가의 의지 아래 장기간의 투자와 인내력이 필요한 군사력이라는 것을 보여주었다.

비록 상대적인 개념에서 미국의 해군력에 비해서 약소했지만, 1970년대부터 소련의 해군력은 실질적인 양적 증대와 더불어 핵전략 미사일의 잠수함 배치 등으로 미국과 서방을 위협하기 시작하였다.

4) 양국의 국가행동

양국의 군사력이 가장 큰 차이가 발생한 시기가 1960~1970년이었고, 1965년이 최대였다. 미국은 이 시기에 압도적 군사적 우위에서 쿠바미사일위기 대처, 제3세계와 협력 확대 등 다양한 국가이익과 정책을 미국 중심으로 펼칠 수 있었다. 비록 1960년 후반에서 1970년 초반의 소련의 군사력이 미국에 열세하지만, 전략적으로 동등한 수준으로 평가되고 있으며, 그러한 평가 이유를 SALT협정의 지속적 이행과 소련 내부의 정권 안정, 1973년 중동전쟁 개입 등으로 보고 있다.[174] 그러나 소련의 상대적 군사력이 1965년을 지나 급격한 증가를 하며 1980년대 대등하거나 양적으로 일부 미국의 군사력을 앞서기 시작하였다.[175]

소련과 미국의 국방비를 살펴보면, 1950년에는 소련의 국방비가 미국보다 많았으며, 미국은 제2차 세계대전 이후 국방비를 축소하였다. 그 이유는 1950년대 미국의 핵 기반 전략이 안정적이며, 재정적으로 실효성 있는 국방정책이라고 믿고 있었기 때문이다.[176] 그러나 한국전쟁, 쿠바미사일위기 등을 거치면서 핵무기로는 국제사회에서 미국의 국가이익과 정책을 지원하는데, 한계(limited)가 있음을 인식함에 따라 다시 국방비를 증가하기 시작하였다.

제2차 세계대전 이후 30년 동안 소련의 신속한 경제력 회복으로 1971년 소련의 국방비은 미국을 추월하기 시작하였다.[177] 소련의 국방비 증가는 소련의 실질적인 군사력의 증강뿐만 아니라, 제3세계에 대한 팽창과 가난한 동맹국들에 과다한 지출로 이어졌다.[178] 최대의 병력을 증가 유지하고, 해군에 대한 투자도 지속하여 그 결과가 1980년에 나타났다. 톤수가 50만 톤에서 70만 톤으로 증가하며 미국과의 격차도 일부 줄어들었다. 결국 1980년대에 소련의 군사력은 미국과 대등하거나 근소한 우위를 유지하며 소련이 붕괴될 때까지 계속되었다.

한편 동북아시아의 강대국으로 부상하는 중국은 미국과 소련 양국 모두에게 상당한 위협이 되었다. 미국은 중국에 대하여 압도적인 군사력을 유지하고 있었지만, 사회주의 국가로 체제가 변경되어 소련과 협력하는 것은 미국에게 큰 부담이었다. 중국은 1950년대 소련과 협력하였지만, 1960년대 중반 이후 갈등이 증폭되었고, 이러한 상황은 아시아에서 소련을 견제할 만한 힘을 가진 국가를 확보하지 못한 미국에게는 유리한 환경으로 작용하였다. 실제로 중국의 군사력은 열세에 있기는 하지만 1980년까지 소련과 균형을 유지할 수 있는 수준이었다. 그리고 중국이 소련과 분쟁이 최고조에 달한 시점의 군사력 수준은 15% 이내까지 격차가 줄었다.

그러나 1980년을 넘어서면서 소련은 중국에 대하여 압도적인 군사력 우위에 있었지만, 서방의 위협이 증가하는 상황에서 중국은 가까이 있는 가시와 같은 존재였다. 미국과 소련 양국이 대립과 갈등을 끊임없이 하는 상황에서 독자노선을 걸으며 힘의 균형을 깨뜨릴 수 있는 존재로 중국의 편향에 신경쓸 수밖에 없었다.

　　미국과 소련의 국가행동은 세계무대를 대상으로 세력의 팽창과 봉쇄 등 상호작용 속에서 힘의 균형을 유지하기 위해 군비경쟁을 한 정형적인 국가행동모델1이다. 1960~1970년대 군사력의 불균형이 발생한 시기에는 극도의 대립과 충돌의 가능성도 있었지만, 양국의 직접적인 충돌보다는 다른 지역이나 국가에서 대리 충돌로 발생하였다. 그리고 미국과 소련의 직접적인 충돌이 발생하지 않은 이유는 먼저 핵무기의 보유로 양국 간의 전쟁 발생은 양국 모두의 국가 생존을 보장받을 수 없다는 것과[179] 영국과 같이 미국의 해외균형자(offshore balancer) 역할에서 찾을 수 있다.[180]

　　제1, 2차 세계대전 이전 영국과 미국은 독일, 프랑스, 소련 등과 군사력 불균형 상태에서 대륙을 점령하려는 국가 의도도 없었고, 그만큼의 강력한 육군도 보유하지 않았다는 점에서 냉전시기와 유사한 형태를 지니고 있었다. 미국은 소련 육군과의 불균형을 압도적인 해군력으로 균형을 유지하였다. 그러나 소련은 해군력에 대한 인식 부족으로 미국의 해군력을 극복하지 못하였고, 냉전시기 동안 우세한 힘 확보와 노력은 실패로 돌아가고 말았다.

　　그리고 추가적 힘의 증강으로 미국과 소련의 제3세계에 대한 원조도 협력의 한 수단이었다. 소련의 제3세계에 대한 지원은 패망할 때까지 지속되었으며, 이 또한 부담으로 작용하였다. 미국도 소련의 제3세계에 대한 협력은 힘의 균형을 유지하기 위한 원조였다. 특히, 미국이 중국의 소련과의 협력을 사전 차단함으로써 힘의 변화를 방지하였다.

냉전시기의 동북아시아 국가들의 군사력 수준과 국가행동

1 냉전시기의 동북아아시아 상황

제2차 세계대전 이후 민주주의를 중심으로 한 미국의 봉쇄정책과 공산주의를 중심으로 한 소련의 팽창정책은 동북아시아에도 커다란 영향을 미쳤다. 동북아시아는 일본 제국주의에 의한 침략과 식민주의 역사에 대한 상처가 아물지도 않은 상태에서 베트남전쟁, 중국 국공내전과 한국전쟁 등을 겪으며, 중국은 공산국가로 한국과 베트남은 남북으로 분단되었다.

특히, 중국의 독자적인 공산화는 미국과 소련 양국의 국가정책에 많은 영향을 주며 아시아의 강대국으로 부상하기 시작하였다. 중국은 1954년 제네바회담, 한반도 문제와 베트남전쟁에 참가하며 국제 외교무대에서의 역할을 확대해 나가기 시작하였다.[181]

냉전 구조는 1945년 얄타체제 이후 시작되었으며, 동북아시아의 냉전 구조도 그 연장선상에서 1951년 샌프란시스코체제가 중요한 전환점이었다.[182] 1949년 중국의 공산화와 한국전쟁은 미국의 봉쇄정책을 베를린 중심에서 동북아시아로 관심을 전환하는 계기가 되었다. 그리고 한국전쟁에서 미국 중심의 UN군을 형성하여 전쟁에 참여하고, 한국의 공산화를 방지하게 되면서 한반도가 냉전의 최전선으로 자리잡게 되었다.

한국은 아시아에서 반공산주의의 상징으로 미국의 봉쇄정책과 위상, 정당성을 유지하는데 무시할 수 없는 국가가 되었으며, 결국 미국은 한국과 1953년 상호방위조약을 체결하고, 한국에 경제적, 군사적 원조를 강화했다.

그리고 동북아시아의 질서는 세계적 강대국인 미국과 소련 그리고 중국의 삼각체제로 변화되었고, 결국 중국, 소련, 북한의 공산국가와 미국, 일본, 한국의 민주체제가 대립하는 양대 삼각 냉전체제를 형성하였다. 하지만 이러한 체제는 다소 불안한 상태였는데, 중국은 같은 공산국가인 소련이 붕괴될 때까지 이데올로기와 영토 문제 등으로 동북아시아뿐만 아니라 제3 세계에서도 소련의 위상과 군사력에 위협이 되었다. 미국도 중국을 아시아의 강대국으로 간주하며, 양국의 관계가 긴장과 화해의 상태가 반복되면서 중국의 힘을 이용하기도 했다.

한편 미국을 중심으로 한국과 일본의 관계는 과거 식민지에 대한 뿌리 깊은 감정으로 3국 간의 완전한 협력은 현실적인 한계를 가지고 있었다. 동북아시아는 냉전시기 동안 공산주의와 민주주의가 대립하는 상황에서, 과거 일본 제국주의의 침략과 식민지 정책에 대한 국가 간에 또 다른 갈등이 중첩되는 구도가 형성되었다.

동북아시아의 냉전은 유럽 국가들보다 불신과 불안전성이 더욱 높은 상태에서 시작되었다. 국제체제와 동북아시아체제가 복잡하게 공존하는 상황에서 제2차 세계대전의 패배국인 일본만이 바다의 차단성이라는 지리적 이점으로 패전국 독일과 같은 분단 그리고 본토에서의 직접적인 전쟁 없이 공산주의를 봉쇄하기 위한 아시아 거점으로 자리잡으며, 미국의 군사적 보호 아래 패전의 모습을 덮어가며 경제적 회복에 집중할 수 있었다.

냉전의 국제체제에서 중국과 일본, 한국은 공산주의와 민주주의로 대립하였고, 역사적으로 과거 침략국인 일본은 중국과 한국에게는 여전히 위협국이었다. 그리고 중국은 한국전쟁에서 북한을 지원하며 한국과 전쟁을 수행한 적대국이 되었다. 이렇게 복잡한 상호관계에서 아시아 국가들은 군사력을 정비하고 증강하였다.

표 20 중국, 일본, 한국 군사력 현황

구분		1950년	1955년	1960년	1965년	1970년	1975년	1980년	1985년	1990년
병력 (천명)	중국	4,000	3,104	3,234	3,360	4,500	4,500	4,500	4,240	3,500
	일본	119	196	263	278	250	237	241	243	250
	한국	120	300	400	378	438	467	782	838	650
톤수 (톤)	중국	6,880	–	6,880	–	13,800	–	122,560	–	148,070
	일본	6,980	–	43,082	–	107,272	–	221,738	–	328,608
	한국	2	–	8	–	16	–	17,315	–	65,557
국방비 (Mil.$)	중국	2,558	2,575	6,728	13,788	23,776	28,500	28,500	24,870	22,330
	일본		378	454	853	1,650	4,535	9,298	12,480	28,410
	한국	32	81	99	112	271	579	3,309	8,491	9,100

출처: ① 육군병력: 1950년부터 1985년까지는 ICPSR. "National Material Capabilities Data,1816-1985" (ICPSR 9903, 1990).; 일본의 1950년 자료는 1952년 자료 사용.; 1990년은 IISS.*The Military Balance 1989-1990*.

② 해군톤수: 1950~1990년은 Conway. *Conway's All the World's Fighting Ships 1947-1995* (1983).; 1995~2010년은 IISS. *The Military Balance 1989-1990*. (일본: 해상자위대)

③ 국방비: 1950~1985년은 "National Material Capabilities Data, 1816-1985" (ICPSR9903, 1990).; 1990년은 "World Military Expenditures and Arms Transfers1990" (1991).

2 국가별 상대적 군사력 수준과 국가행동

가. 중국, 일본, 한국의 군사력

동북아시아의 국가들은 미국과 소련이라는 강대국 간 힘의 대결 구조 속에서 국가의 생존을 위해 끊임없이 행동해야 했다. 중국은 소련이라는 강대국과 국경선을 맞대고 있고 해양을 경계로 미국의 위협이 있으며, 특히 중국은 한국, 일본, 대만으로 연결되는 긴 전선으로 형성되는 미국의 봉쇄에도 대응해야 했다. 더불어 중국은 지리적으로 주변의 15개 국가와 국경선을 맞대고 있었기 때문에 크고 작은 갈등과 분쟁이 지속되는 상태였다.

　한국은 중국과 소련이 지원하는 북한과 대치하며, 과거 제국주의 일본과 역사적 적대적 경험을 청산하지 못한 상태에서 또 다른 위협국으로 일본을 고려해야만 했다. 일본은 동북아시아의 민주주의 전진기지 역할을 하며, 중국과 소련의 위협을 경계하면서 한반도의 상황이 일본에게 어떠한 영향을 미칠지 고려해야만 했다. 하지만 일본은 미국의 보호 아래 경제성장에 집중하며, 그 경제력을 바탕으로 동북아시아에서 영향력을 계속해서 확대하여 갔다.

　미국과 소련의 영향력 안에 있는 중국을 제외한 동북아시아 국가들의 상대적 군사력은 미미한 수준이었다. 냉전시기 동안 중국은 일본과 한국에 대하여 압도적 군사력을 유지하였다. 중국은 1960년 이전과 1990년 일시적으로 군사력의 감소 현상이 발생하는데, 그 이유는 100만 명의 병력을 감소한 데서 비롯되었다. 그리고 중국의 국방비와 해군력이 일정한 수준을 유지한 것으로 볼 때, 방대한 인력 중심의 육군과 장기간의 해군 함정의 사용으로 군사력의 질적인 수준이 다소 낮았다는 것을 추정할 수 있다.

　1965~1970년과 1990년 이후 중국의 군사력 증강에는 병력의 변화보다 질적인 변화를 가져왔는데, 1965년을 기점으로 중국의 국방비는 100억 달러를 넘어서고 1970년도에는 200억 달러 이상으로 증가하였다. 장기적인 군사력 건설은 해군력에서도 나타나 1980년 총톤수가 10만 톤 이상으로 증가하였다. 이러한 중국의 변화에 한국과 일본이 독자적인 대응에는 한계가 있는 매우 어려운 상황이었다.

　한국과 일본은 비슷한 군사력을 유지한 것으로 분석된다. 1960년대까지 일본과 한국의 군사력은 중국에 비해 다소 낮은 수준으로 자국의 군사력으로 독자적인 생존을 유지하기는 어려운 상황이었다. 일본의 총병력은 20~25만 수준을 유지하였지만, 해군력에서는 중국과 한국의 해군력에 비해 우세한 전력을 유지하였다. 국방비에서도 1970년대부터 국방비의 투자를 증가하며 1990년도에 중국을 추월하였다.

　한국의 군사력은 1970년까지 병력 중심의 낮은 수준의 군사력이었다. 그러나 1980년에 접어들면서 육군, 해군, 국방비의 급격한 성장을 하였다. 해군력은 1만 톤을 넘어서고 국방비는 30억 달러를 넘어서기 시작하였다. 하지만 냉전시기가 종료될 때까지 한국의 군사력은 병력을 제외한 해군력, 국방비에서 중국과 일본에 비해 아주 낮은 수준이었다. 1980년부터 일본이 한국보다 우세한 군사력을 유지하였다.

중국과 한국은 냉전 전반기 병력 중심의 군사력으로, 해군력은 10만 톤 이하의 순양함 10척 수준도 못 미치는 전력을 유지하였다는 것은 자국의 해양을 거의 포기한 수준이라는 것을 엿볼 수 있다. 그러나 일본은 제1, 2차 세계대전 영국이나 미국과 같이 일정 수준의 병력을 유지하며, 해군력 중심의 군사력을 증가시키며 1960년대 4만 3천 톤, 1970년에는 10만 톤을 넘어서며 중국의 10배에 가까운 해군력을 증강하였다. 따라서 일본은 과거 제1, 2차 세계대전에서와 같이 바다의 이점을 이용하여 육군 병력의 불균형을 해군력으로 극복한 사례와 유사한 형태를 보이며, 총병력은 제1차 세계대전 이전의 수준을 유지하였다.

나. 동북아시아 국가들의 행동

1) 중국

중국은 한국전쟁을 거치면서 국제무대에 참여하며, 제3 세계 문제에까지 적극적으로 개입하는 움직임을 보였다. 이러한 개입은 미국, 소련과 갈등을 유발하며, 국제적인 위상과 영향력을 강화하여 나갔다. 중국은 소련과의 분쟁이 이데올로기에서 영토 분쟁으로 확대되고 군사적 대립으로 이어졌으며, 미국과는 양안에서 대립하고, 1950년에는 한국전쟁에서 직접적인 군사적 충돌로 이어졌다.

중국은 이후에도 소련과 국경분쟁 그리고 베트남전쟁에 개입하는 등 군사력을 대외에 적극적으로 사용하며 국제적 지위를 강화하였다. 1950~1960년대 중국의 국제무대에서 영향력 확대와 이데올로기 대립은 동북아시아에서 일본과 한국에게는 큰 위협이었다. 그리고 중국은 미국 또는 소련과의 대규모 전쟁 대비를 긴박한 사안으로 생각하며, 1969~1971년 국방비로 GDP의 10% 이상을 투자하기도 하였다.[183]

1970년대에는 일본과 수교하며 '중일 평화우호조약'을 체결하고, 일본의 경제적 지원에 화해 무드가 조성되어 갔다.[184] 일본의 차관은 경제적으로 뒤처진 중국의 현대화에 아주 긴요한 것이었다. 결국 1970년대 동북아시아의 데탕트와 중국의 현대화 경제정책과 일본의 원조 등은 강한 중국 건설의 기초가 되었고, 급격한 경제성장은 강력한 현대화된 군사력의 보유로 연결되었다. 그리고 1990년대 러시아의 붕괴와 더불어 중국은 미국과 경쟁하는 새로운 강대국으로 부상하게 되었다.

중국의 군사력 건설과 수준은 중국의 국방정책과 전략에서 알 수 있다. 중국의 군사력은 1940년대 마오쩌둥의 전략사상을 기본으로 건설되었다. 중·일전쟁, 중국 내전과 항일전쟁의 경험을 바탕으로 정립된 인민전쟁전략사상과 적극방어전략사상이 중국 국방정책과 군사전략의 근간을 이루고 있었다.[185]

이 전략은 군사력에 열악한 무기와 장비를 병력 중심의 군사력으로 대응하는 개념이다. 그리고 이 전략은 냉전초기 핵무기를 보유하지 못한 중국이 취할 수 있는 전략이었고, 미국이나 소련이 핵무기를 공격한다고 할지라도 중국 전체를 공격할 수 없고, 중국 대륙의 광활한 영토와 인구를 기반으로 소모전을 펼친다는 전략으로 충분한 승산이 있는 것으로 중국 지도부는 평가하였다.[186]

이 전략에 따라 중국의 병력이 1950년대 400만 명에서 1960년대 300만 명으로 감소하였다가, 다시 1970년대 450만 명으로 증가한다. 이렇듯 병력 중심의 군사력은 적은 국방비로도 유지가 가능하였고 무기도 보잘것없이 낮은 수준이었다. 하지만 대량의 병력은 핵무기를 사용하지 못하는 지상전에서는 충분한 힘으로 역할을 하였다. 그 예로 한국전쟁에 참여하여 중국군의 전사상자는 40만에 육박하였고, 베트남전쟁에서는 1965~1973년까지 30만 명의 군사원조를 하면서 소련과의 국경선에서 군사 충돌에도 대응했다.[187] 그 외에도 인도, 캄보디아 등 다양한 병력지원을 통한 군사개입과 지원으로 국제적 영향력을 확대하였다.

1950년대 중국의 낙후된 수준의 군사력을 현대화하려는 노력은 1954년 저우 언라이(周恩來)가 제1차 전국인민대표대회에서 국방 현대화를 제기하였고, 중국은 소련 무기의 대량수입과 부수적으로 국내 모방 생산을 증가시키는 것이었다. 그리고 1964년 다시 농업, 산업, 국방, 과학기술의 '4대 현대화'가 공식적으로 제기되었지만, 1960년대까지 중국의 정치운동에 경제적 현실이 밀리면서 큰 실효를 거두지 못하였다. 그러나 1980년대까지 소련의 전반적인 구형 무기를 국내 생산으로 전환하여 수량을 계속하여 증가시켰다.[188]

그러나 1970년대 후반부터 현대적 인민전쟁전략을 수립하여 마오쩌둥의 전략사상을 현대전에 부합하도록 다시 변화를 추진하며, 다시 중국 개혁개방과 '4개 현대화'를 추진하였다. 그 중심은 경제건설과 국방건설에 집중되었고, 국방건설은 군대의 혁명화, 현대화, 정규화 '3화'로 결집되었다. 궁극적으로 중국군의 현대화는 핵무기와 재래 무기를 효과적으로 운용하면서, 종래의 방어중심의 군사력을 적극방어전략(積極 防禦戰略)으로 전환하였다.

1980년대에는 핵전쟁보다 국지전이나 제한전에 대한 능력 확보에 인식을 증대하기 시작하였다. 그러나 중국의 육군은 인민전쟁전략을 기본으로 발전되었기 때문에 방대한 병력에 대한 현대화에는 한계가 있었고, 우선순위에서 밀리게 되면서 육군의 무기류는 1950~1960년대 소련에서 제공된 전차나 야포가 주류를 이루고 있었다. 따라서 1980년대 말까지 조직의 변화와 병력의 감소에 초점을 두었으며, 지상군의 병력은 1985년부터 100만이 감축되고 조직이 개편되었다.

하지만, 1990년 이후 장쩌민의 신시대 전략방침은 새로운 정세와 임무를 결합하여, 현대 기술, 특히 첨단기술 조건에서 국지전 승리를 목적으로 군사력은 수량과 규모에서 질과 효능형으로, 인력 밀집형에서 과학기술 집약형으로 변환하며 작전능력을 강화하기 시작하였다. 1990년대 들어서 러시아로부터 다시 무기 수입을 시작하고, 프랑스부터 최신의 무기 구매를 시작하며 첨단의 군사력으로 전환하기 시작하였다.

그리고 중국의 해군력은 1970년 초까지 지상군 위주의 인민전쟁전략의 연장선상에서 인식되었다. 중국의 해양전략은 소련의 해양전략의 영향과 중국의 지정학적 위치, 경제적 요인과 지도자들의 위협에 대한 인식에서 출발하였다. 1950~1960년대는 연안방어전략(沿岸 防禦戰略)이었고, 1970년대 미국과의 화해무드 속에서 해군의 발전에 어려움을 겪기도 하였다. 그러나 1978년 이후부터 1980년대까지 연간 2~3척의 초계함과 구축함을 진수시키고, 100여 척 이상의 잠수함을 건설하였다.[189]

그리고 1988년 해군전략을 근해방어전략(近海防衛戰略)으로 변경하여, 중국 연안 200해리 배타적 경제수역을 포함한 중국의 관할권이 미치는 해역과 동사·서사·중사·남사 군도 등과 같이 산재되어 있는 섬들이 중국의 영토에 포함한다고 보았다.

이러한 전략을 수행하기 위하여 종심방어체제로 전환하여 제1선은 핵 및 재래식 잠수함에 의한 방어, 제2선은 구축함과 지상 항공기의 협동작전에 의한 방어, 제3선은 연안방어 부대를 이용하여 방어한다는 개념이다. 제1선의 방위선을 해남도로부터 1,800km에 달하는 광활한 구역이다.[190] 이러한 전략에 따라 1990년대 이후 중국 해군은 러시아 소브레메니급(Sovremenny-class) 최신예 구축함 구매와 최신예 잠수함 건조를 추진하였다.

제2차 세계대전 이후 중국은 독자노선을 걸으며 미국과 소련 양국에게 상당한 위협이자 역할자로 행동을 하였다. 1950~1960년대는 소련과 협력하며 미국의 봉쇄정책에 대응하였고, 1970년대는 미국과 일본과 우호관계를 증진하며 소련의 위협에 대응하였다. 그러면서도 한국전쟁과 제3세계 개입을 통한 중국의 영향력을 확대하고 동북아시아에서 강대국으로 위상을 확립하여 갔다.

2) 일본

일본은 전후 미국의 군사 보호 아래 1980년대 중반 이후 무역흑자의 증가와 국제무대에서 채권국으로서 경제 강대국이 되었으며, 비록 미·일 무역마찰도 있었으나 동맹의 큰 틀을 벗어나지 않았다. 미국의 국제적인 역할 분담요청에 따라 그 역할을 경제적 측면에서 군사적인 분야까지 확대하였다. 냉전시기 동안 일본은 패전국으로서 큰 시련 없이 국가부흥과 재무장까지 이루어 냈다.

1951년 미·일 안보조약(The USA-Japan Security Treaty)과 샌프란시스코강화조약 체제에서 세계 초강대국의 군대가 일본에 주둔하며 일본의 방위 임무를 대신하여 주었고, 미국의 무상원조가 이루어지기 시작하였다. 미국은 일본을 '반공의 장벽'으로 만들기 위해 점령정책에서 일본 경제부흥정책으로 전환함에 따라 일본은 안보문제를 미국에 위임하고, 국방비 지출 없이 경제건설을 최우선 정책으로 급속한 경제성장을 이룰 수 있었다. 한국전쟁에서도 미국의 전방 보급기지로서 역할을 하며 경제적 실리를 취하였다.[191]

일본의 국제무대에 직접적인 참여는 1960년대부터라고 할 수 있는데, 동남아시아에 대한 경제원조와 동남아시아 국가연합(Association of South-East Asian Nations:

ASEAN)에 적극적 참여 등 경제정책을 중심으로 독자적인 대외활동을 강화하였고, 1970년 미·중관계의 정상화 등으로 일본의 국제무대에서의 활동은 더욱 탄력을 받았다. 중국에 대한 경제차관은 일본에게 정치적, 경제적으로 매우 중요한 의미를 가지며, 특히 경제력을 활용한 정치적 강대국을 추구하는 것으로 해외에서 군사력의 행사가 금지된 일본에게 경제원조정책은 경제력을 국제적 영향력을 확대하는 수단의 하나로 활용하였다.[192]

중국과 경제적 협력 기간은 양국이 가장 친밀한 관계를 유지하고 위협을 감소한 기간이라고 볼 수 있다. 그리고 이러한 일본의 경제적인 대외협력, 특히 중국과의 협력 강화는 국제무대에 새로운 등장을 알리는 것이었고, 아시아 국가들은 군국주의의 부활로 강한 의구심을 가지기 시작하였다. 중국과의 관계는 천안문 사태를 거치면서 경제적 지원을 축소시켰지만, 이러한 조치는 일본의 국제적 고립을 고려한 일시적인 조치일 뿐 협력관계는 계속해서 확대 발전하여갔다.

그리고 일본의 한반도에 대한 정책은 전쟁을 억제하고 남북한과 우호관계를 유지하며, 장기적으로 한반도에 대한 정치, 경제적 영향력 확대에 목적을 두고 관계전환을 추진하였다.[193] 일본은 한반도에 대하여 한국과 북한 양국을 인정하는 정책을 추진하면서 한국에 대한 영향력을 증대시켜 갔다. 닉슨 독트린으로 안보에 위협을 느낀 일본은 한국에 대한 경제적 지원을 강화하며 한국의 안정을 지원하였으나, 일본의 궁극적인 목적은 한반도의 현상 유지를 희망한 것이었다.

일본의 본격적인 군사력 건설은 1970년대부터 시작되었다. 일본의 재무장은 1950년 한국전쟁으로 주일미군이 한국으로 이동하게 됨에 따라 일본의 치안을 담당할 7만 500명의 경찰예비대의 창설을 맥아더가 일본 정부에 지시한 것이 계기가 되었다.[194] 이 경찰 예비대가 자위대의 모체가 되어, 이후 보안청을 거쳐 1954년 방위청으로 개칭되며 육상, 해상, 항공자위대가 신설되었다. 일본의 방위개념은 평화헌법에 기초하여 미국의 핵우산과 군사력의 보호 아래 자위대의 수동적 최소 방어전력 건설에 주안을 두고, 제1차 방위력정비계획(1958~1976)이 진행되었다. 이 당시의 국제정세는 동서의 대립이 격화되고, 소련이 일본에게는 심각한 위협이었다. 이러한 위협상황에서 미국의 보호 아래 본토방어를 위한 군사력 건설에 집중하였다.

자체 방위정책을 수립한 것은 닉슨독트린과 오키나와 반환이라는 안보환경의 변화가 계기가 되었다.[195] 1970년 일본은 데탕트와 미국과 소련의 군사력 균형으로 대규모의 전쟁 발생이 어렵고 제한적인 무력분쟁의 가능성을 고려하며, 방위백서에 '전수방위전략'을 일본방위의 기본방침으로 정하고 자위대를 증강하기 시작하였다. 전수방위전략은 미국의 의도가 포함되어 있는데, 미국이 베트남전쟁을 치루면서 인도양까지 방어해야하는 상황에서 경제적으로 부강해진 일본이 소련의 태평양함대를 견제하는 역할을 요청하였기 때문이다. 이러한 미국의 요청을 수용하여 방위력정비계획(1972~1976)을 추진하여 연안 및 도서의 전략 거점에 군사기지를 건설하였다.[196]

그리고 소련의 군사력 증강과 위협이 증가함에 따라 1976년 '방위계획의 대강(1977~1995)'에서 국방비를 국민총생산(GNP) 대비 1% 이내로 설정하였지만, 1978년 미일방위협력지침(가이드라인)[197]으로 동북아시아에서 일본의 역할이 증가하기 시작하였고, 1985년 신방위 5개년 계획(1986~1990)인 중기방위력 정비계획에서는 이전에 결정한 GNP 대비 1%의 한도를 철회하였다. 1980년대 일본의 방위정책은 미국의 지속적인 안보 역할 분담과 협력 요청에 최소주의를 탈피하여, 미국을 지원하여 태평양의 '불침항모' 역할 수행을 약속하며, 적극적인 방위정책으로 변화하기 시작하였고, 미군에 대한 주둔 비용도 증가하였다.[198]

일본의 군사력은 냉전시기 동안 병력은 전체적으로 25만 명 내외를 유지하고, 무기와 장비의 현대화에 중점을 두었으며, 특히 해상자위대의 능력 강화에 집중되었다. 미국의 아시아 지역의 세력균형을 목표로 일본에 대한 역할 분담이 확대되고, 일본의 전수방위를 기본으로 본토 해안의 적극방어와 말라카해협까지 해상교통로 보호를 목표로 1980년대 일본의 방위권을 1,000해리에서 말라카해협까지 2,000해리까지 확대를 추진하였다. 해군력에 대한 집중적인 투자로 중국 해군력의 2배까지 증가되었고, 국방비 지출도 1990년 중국을 추월하였다.

일본은 패전국으로서 과거의 침략행위를 평화헌법으로 대외적 불신을 줄이려 노력하며 국가재건을 진행하였다. 냉전시기 동안 와해된 국가의 경제력과 군사력으로 국가의 생존을 미국에 의존하는 편승전략을 취하였으며, 냉전 후반기로 가면서 일본의 경제력을 무기로 동북아시아에서 역할을 강화하였다. 그리고 미국의 역할 분담과 경제력이 군사력의 증강으로 이어지며, 오키나와 반환, 북방도서 등 영토의 회복과 확장을 위해 해양으로 힘의 확대를 해나갔다.

3) 한국

한국은 1945년 일본으로부터 독립 후 남북이 공산주의와 민주주의로 분리되고, 북한의 남침으로 한국전쟁이 발발하며 동서의 냉전이 아시아의 냉전으로 이어졌다. 한국은 국제정치와 동북아시아 정치상황에 따라 많은 영향을 받으며 생존을 유지하여 왔다. 세계의 식민지 쟁탈전에서 일본의 희생양이 되었으며, 해방 이후에는 분단국으로 냉전의 대립 상황에서 전쟁과 또다시 분단된 국가로 냉전의 최 전초기지로 첨예한 전선을 형성하였다. 소련이 붕괴된 이후에도 이데올로기의 대립 속에 냉전의 산물로 남아 있다.

냉전시기의 한국의 안보는 북한의 무력도발을 억제하기 위하여 1953년 체결된 한미상호방위조약에 기초하여 국가의 생존을 유지하였다. 전쟁 이후 미군이 한국에 주둔하며 한반도의 안정을 제공하였다. 한미동맹은 엄밀히 한국의 입장에서 북한의 침략을 억제하고 안정을 유지하는 것이었고, 미국의 입장에서는 한국을 봉쇄정책의 최전선 전진기지로서 역할을 해 왔다. 한국은 1970년대까지 무임승차전략(free-ride strategy)을 지속하였으나, 이후 자주국방을 추진하면서 한국군의 역할이 증대되었다.[199] 1978년 미국의 무상지원이 종료될 때까지 한국은 경제적, 군사적 원조와 지원을 받았지만 1980년대 한국의 경제력이 성장하면서 1986년부터 미국은 방위비 분담을 요구하기 시작하였다.

결국 한국은 한국전쟁 이후 열악한 국내외 환경에서 미국의 보호 아래 소련과 중국 등 강대국으로부터 위협에 국가생존을 유지하였고, 경제개발과 군사력 강화를 추진하였다. 그리고 동북아시아에서 비록 미국, 한국, 일본이 3각 체제로 공산주의에 대응하였지만, 한국은 일본의 행동을 의심하고 군사력의 증강과 제국주의 부활을 우려했다.

1960년대는 국제적으로 베트남전쟁과 미국의 U-2기 피격, 쿠바 미사일 위기 등 국제사회는 소련과 미국이 첨예하게 대립하고, 북한의 무장게릴라들의 침투도발이 이어지던 국내 안보환경 속에서 한반도가 가장 불안정한 시기였다. 동북아시아의 안보체제를 강화하기 위하여 미국은 한국과 일본이 국교 정상화를 희망하였고, 한국과 일본은 이 시기에 경제적인 성장이라는 양국의 국익을 위해 1965년 국교를 수립하였다. 양국의 수교는 상호 간의 안보 위협을 완화하고, 일본은 한국에 대한 경제적인 영향력을 강화하기 시작하였다. 1963년 미국의 베트남 파병에 부응하며 한미동맹을 강화하고, 미국으로부터의 경제적, 군사적 원조도 한층 증대되었다.

1968년 북한의 청와대 기습사건과 미국 정보수집함 푸에블로함(USS Pueblo) 나포사건, 울진·삼척 무장공비 침투사건 등 북한의 침투도발이 극심하던 시기에 미국은 1969년 닉슨독트린(Nixon Doctrine)으로 자국의 방위는 자국이 책임을 진다는 기조와 미국의 전투병 파병을 하지 않으려는 의지를 보였다. 닉슨독트린은 그동안 미국의 군사원조에 의존하여 오던 한국에게는 국가생존에 지대한 위협이었고, 자주국방의 필요성을 절감하게 되었다. 자국의 생존은 자국의 힘이 있어야 생존 가능하다는 것을 절실히 깨달은 한국은 자주국방을 강력하게 추진한다.

1970년대 세계적 데탕트 기조와 더불어 미국, 소련, 중국, 일본은 개방과 화해 모드로 전환하기 시작했고, 이러한 분위기는 미국의 한국 방위에 대한 이완으로 이어졌다. 이 시점에서 한국은 북한과 긴장된 체제를 유지하고 있는 안보상황에서 자주적 국방력 강화가 더욱 절실한 문제로 대두되었다.

주한 미군 철수계획은 1970년 후반 카터정부에서는 전면 철수계획으로 추진하기도 하였다. 그리고 반공산주의 최전선국으로 북한과 대립하고 있는 한국으로서, 미국이 중국과 국교 정상화는 한국전쟁 이후 미국과 동맹국으로 중국과 북한을 공동의 적으로 대응하여 온 상황에서 상당한 충격으로 받아들여졌고, 동북아시아의 상황도 복잡한 형태를 띠게 되었다. 결국 한국도 1980년 말 중국과 상호방문을 승인하면서 교류가 시작되어 1992년 수교가 되었다.

한국의 국방정책은 국제환경과 경제적 발전으로 군사력의 증강이 가능하였다. 1950년 이후 1960년까지 한국의 군사력은 한국전쟁 당시의 장비와 무장을 벗어나지 못하는 인력 중심의 군으로 유지되고 있었다. 경제적으로도 열악한 상황에서 국방비도 100만 달러 이하로 그중 대부분이 인건비로 사용되는 실정이었고, 한국군의 현대화는 경제건설 없이는 불가능한 상황이었다.

1962년 경제개발 5개년 계획을 추진하면서 경제적인 성장과 더불어 미국의 군사적인 의존도를 줄이려 노력하였다. 그리고 베트남에 한국군의 파병은 한미동맹을 더욱 강화하는 계기가 되었고, 한국은 경제성장과 군의 현대화에 필요한 원조와 지원을 미국으로부터 더 많이 받아 낼 수 있었다. 사실 1960년대까지 병력 중심의 한국군 군사력은 무시 수준의 전투력도 아주 낮은 상태였는데, 1950년에서 1960년까지의 국방비는 전력증강투자비 2.3%, 장비유지비 2.6%, 인건비가 77.2%라는 통계는 한국군의 현실을 여실히 보여준다.[200]

하지만 1971년 주한 미군 7사단의 철수에도 불구하고 한국군이 휴전선을 직접 방위할 수 있는 수준까지 성장하였다. 그리고 1974년 군 현대화 사업인 율곡사업을 추진하면서 육군, 해군, 공군의 현대화가 집중적으로 추진되었지만, 중국과 일본의 군사력 열세를 극복하지 못하였다.

한국은 미국의 경제적, 군사적 원조에 의존하며 군사력 증강과 국가의 생존을 유지했다. 북한이라는 적대국을 대상으로 군사력의 건설은 추진되었지만, 주변국에 대해서는 불신과 적대감이 정치적으로만 유지되었을 뿐 주변국에 대응하는 군사력은 확보하지 못하였다. 결국 자국의 힘으로는 한계가 있었고 대외적인 힘에 의존해야만 했다.

4) 중국, 일본, 한국의 국가행동

중국은 소련의 무기원조와 서방의 경제적 지원을 적절히 이용하여 생존의 힘을 독자노선에 따라 강화시켜 나갔다. 적대국으로부터 무기와 빵을 얻으며 자기생존을 유지하며, 강대국으로서 영향력을 행사하였다. 외부로부터 생존 물자를 획득하며, 한국전쟁 등 제3세계 군사적 개입으로 국가위상과 국가방어의 종심(depth)을 확장시켰다. 한국전쟁 개입을 통해 미국이라는 강대국을 육상 국경선으로부터 북한이라는 완충지대(buffer zone)를 두며 밀어냈고, 직접적인 위협을 바다 멀리 위치하게 만들었다.

이러한 힘의 원천은 큰 대륙과 병력 중심의 군사력이었다. 중국은 제3세계 개입에 많은 병력을 이용하여 무기와 장비 지원만큼의 효과를 얻었다고 할 수 있다. 그리고 국제적으로 균형전략을 이용하여 국가생존을 유지하였는데, 중·소 영토분쟁 이전까지는 소련과 협력하며 미국과 서방에 대응하였고, 1970년대 이후에는 서방에 협력하며 소련에 대응하는 생존전략을 사용하였다. 이러한 생존전략에서 동북아시아의 강대국으로서 군사력을 점진적으로 증강하여 갔다.

일본은 패망 이후 전적으로 안보 편승전략의 행동을 취하였다. 중국과 소련이라는 강대국의 힘의 위협에 미국이라는 강대국의 힘의 온상에서 동맹과 협력자로서 경제 대국으로 성장하며, 강대국의 조력자로서 역할을 증대시켜 나갔다. 냉전시기 동안 일본은 패전국으로 국가부흥을 강대국의 울타리 안에서 자국의 힘을 축적하였다. 1970년 이후부터 그 안보의 울타리를 조금씩 벗어나 국가의 독자적인 행동을 하기 시작하였다.

이러한 행동은 경제력을 바탕으로 영향력을 행사하기 시작하였으며, 군사력의 증가도 가속화 하였다. 일본의 군사력은 과거 제1, 2차 세계대전 이전과 동일 수준으로 해군력 증강을 추진하며, 미국의 안보 울타리 내에서도, 혹시 열릴 줄 모르는 울타리 방어에 주변국보다 높은 수준의 해군력을 유지하였다. 해양을 경계로 일본 본토의 직접적인 공격을 방지하고, 냉전시기 동안 일본의 해군력은 중국, 한국의 해군력을 충분히 차단할 수 있는 수준이었고, 소련의 태평양함대도 대응 가능한 수준으로 강화되었다.

한국의 생존 전략도 일본과 동일한 안보편승전략이라는 것이 적절할 것이다. 한국은 북한, 중국, 일본이라는 위협을 미국의 힘에 의존하며 국제체제의 변화에 민감하게 반응하며 행동해야 했다. 특히 중국의 힘을 한국전쟁에서 실감한 한국에게 있어 미국의 힘은 더욱 절실한 것이었다.

따라서 한국은 베트남전쟁에서 미국에 동맹국으로서 적극적인 행동을 보이며 파트너십을 강화해야 했고, 강대국의 이탈을 방지하기 위한 행동을 해왔다고 할 수 있다. 특히 일본과 달리 북한이라는 직접적인 위협을 직접적으로 맞대고 있는 한국으로서는 경제력과 군사력을 동시에 강화해야 했다. 냉전체제 동안 긴장과 화해가 반복되는 국제질서에서 한국은 군사력을 증강했다.

소결론

　　냉전시기 미국과 소련의 상대적 군사력비의 차는 최대 18%, 평균 9% 내에서 유지되었다. 이 의미는 치열한 군비경쟁에서 군사력을 유지하며 힘의 균형을 유지하였다는 의미이다. 냉전시기 미국과 소련이 압도적 군사력을 보유한 강대국이었다. 중국은 냉전 초기에는 미국과 소련에 비하여 낮은 군사력 수준이었으나, 1965년 이후 중진국으로 성장하였고, 한국과 일본은 약소국 수준이었다.

　　미국과 소련의 군비경쟁에서 1960년대 군사력의 격차가 가장 심각하게 발생하였다. 양국은 1965년 이후 군사력의 균형을 유지하기 위하여 군비경쟁을 가속화 하였다. 특히 소련은 1965년부터 붕괴에 이르기까지 25년 동안 급진적인 군사력을 증강하며, 미국의 군사력을 대등 또는 근소한 우세를 확보하였다.

　　독일이 과거 제1, 2차 세계대전 이전 군비증강을 실시한 24년이나 14년을 넘어서는 기간 동안 군사력을 증가하였다. 그에 반해 미국은 일정 수준의 군사력을 유지 및 증강하며 적절히 대응하여 군비경쟁에서 승리하였다. 중진국인 중국은 양국의 대립체제에 영향을 미칠 수 있는 수준의 군사력을 보유하고, 중국의 행동은 소련과 미국 양국 모두에게 힘의 변화를 줄 수 있는 위협적인 국가였다.

　　제2차 세계대전 동안 중국의 독립을 지원한 미국도 중국이 공산주의 국가로 변모한 것에 큰 실망을 느꼈고, 중국이 소련과 협력하는 것은 동북아시아에서 힘의 균형을 깨뜨리는 위험 요소였다. 중국이 소련과 군사협력 관계를 유지하는 상황은 힘의 균형을 회복하기 힘든 상황을 만들 수도 있었을 것이다([그림 8]).

그림 8   소련과 중국의 군사협력과 미국과 군사력 비교(단위, %)

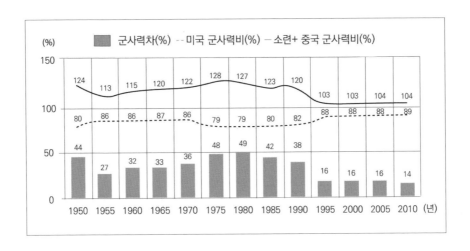

중국이 소련과 군사력 협력관계를 유지하였다면, 1970년대 이후 미국에 대한 압도적인 군사력 수준을 유지할 수 있었을 것이다. 냉전 초기 소련은 중국 내전 동안 군사고문 파견 등 광범위하게 중국을 지원하며, 같은 공산주의 국가로 미국 중심의 민주주의와 봉쇄정책에 공동의 적으로 대응하며 협력관계를 유지하였다. 그러나 1960년대에 들어서면서 이데올로기 논쟁과 제3국 개입정책에서 서로 갈등하며 관계가 악화하기 시작하여, 1969년 양국의 국경분쟁으로 협력관계는 파괴되고 말았다. 중국은 1971년 닉슨의 핑퐁외교와 일본과의 국교 정상화 및 경제적 지원을 통해 서방과 우호관계를 유지하고, 1970년대에 소련과 거의 단절 상태에 놓여 있었다. 그 후 1985년 고르바쵸프(Mikhail Gorbachev)의 등장과 더불어 화해무드로 변화되기 시작하였다.[201]

만약 1970년대 이후에도 소련과 중국이 동맹이나 군사력의 협력관계를 유지하였다면, 1970년을 기점으로 소련과 중국의 군사력이 미국을 10년은 더 빠르게 추월하고, 1980년대는 압도적 군사력 수준으로 힘의 불균형 상태로 전환될 수도 있었을 것이다. 이러한 상황은 제1, 2차 세계대전의 힘의 변화와 유사하며 열전(hot war)

의 가능성을 무시할 수 없을 것이다. 그리고 열전으로 전환된다면, 그 대상 국가는 제1, 2차 세계대전에서 보듯이 강력한 해군력을 보유하고, 해양을 경계로 하는 미국이나 일본이 아니라 육지를 경계로 하는 인접한 약소국에서 충돌 가능성이 높았을 것이다.

그리고 냉전시기에도 해양국가와 대륙국가의 차이가 확연히 나타나는데, 미국은 해군력에서 소련은 육군력에서 압도적인 우위를 유지하였다. 과거 독일이나 구 러시아가 영국의 해군력을 극복하지 못한 것과 같이 소련의 25년이라는 장기간의 노력에도 불구하고 미국의 해군력을 극복하지 못하였다. 이는 육군력보다 해군력의 확보가 쉽지 않다는 것을 보여준다. 그리고 중국과 일본의 사례에서도 1950년도 중국과 일본의 톤수는 비슷하였으나, 1960년 일본이 중국보다 우세한 해군력을 보유하다가 2000년에 중국이 다시 일본을 추월하기까지 약 40년이 소요되었다.

냉전시기 미국과 소련은 장기간에 걸쳐 전형적인 군비경쟁을 통한 군사력 균형을 유지하며, 전형적인 국가행동모델1이다. 각국은 자국의 생존을 위하여 군사력을 증강하였고, 힘의 균형을 위한 자국의 군사력의 한계는 대외적 협력을 통하여 균형을 유지하였다. 동북아시아 국가들도 냉전체제에서 동맹과 협력을 통한 안보를 추구하였다. 비록 한국과 일본의 군사력이 무시 수준의 약소국이고, 중국의 군사력이 일본과 한국에 비해 압도적인 수준을 유지하였지만, 미국이라는 강대국에 협력 또는 편승하여 힘의 균형을 유지할 수 있었다.

세력균형과 군사력 수준

세력균형이론은 '힘'이 곧 정의라고 본다. 힘의 핵심은 군사력이며 군사력의 균형이 힘의 균형이라는 관점에서 여러 사례를 살펴보았다. 무정부상태의 국제체제에서 국가의 힘의 불균형은 생존에 위협을 받으며 전쟁 발발 가능성도 높다. 따라서 평화의 조건은 최소한 힘의 균형을 유지해야 하고, 국가들은 자국의 생존을 위하여 군사력을 증대하고 협력 또한 필요하다.

군사력의 속성으로 육군은 병력을, 해군은 함정의 톤수를, 공군은 전투기수와 국방비를 이용하여 군사력을 정량화하여 국가 간 또는 국가군의 대립과 갈등의 관점에서 상대적 군사력 수준을 살펴보았다. 그리고 전쟁이 발생하기 이전 평화가 유지되는 기간의 군사력 수준이 어떻게 유지되었고, 국가의 힘을 확보하기 위하여 국가들은 어떤 선택을 했는지도 살펴보았다.

표 21   군사력의 균형 수준 결과 종합

구분	제 1차 세계대전 이전	제2차 세계대전 이전	냉전시기	비고(범위)
균형 군사력차(%)	31%	28%	22%	26%
균형범위(%)	34~64%	36~64%	39~61%	36~64%
대륙국가 균형(%)	24%	29%	26%	26%
해양국가 균형(%)	30%	24%	22%	25%

다양한 사례를 통해서 본서 균형범위는 36~64%로 나타났다. 이 균형범위는 국제사회를 구성하는 국가들의 상대적 군사력으로 전환하여 동일한 도메인에서 비교한 결과이다. 이 의미는 국제사회에서 국가들이 힘의 분포에서 균형범위를 의미한다.

군사력이 36% 이하는 무시 수준으로 약소국이며, 64% 이상의 국가는 압도적 수준으로 강대국으로 분류할 수 있다([표 22]). 이 균형범위를 기준으로 강대국, 중진국, 약소국을 분류한다면, 독일이 제1, 2차 세계대전 직전에는 최대 강대국이었지만, 전반적인 기간을 볼 때는 중진국이었고, 강대국의 지위를 유지한 국가는 영국과 소련이었다. 이탈리아는 역사가들이 지적하였듯이 약소국이었고, 그리고 냉전시기는 강대국이 미국과 소련이었고, 중국은 중진국, 한국과 일본은 약소국이었다.

표 22 시대별 국가의 군사력 수준

구분	압도적 군사력 (강대국)	균형 군사력 수준 (중진국)	무시 군사력 수준 (약소국)
제1차 세계대전 이전	영국, 러시아	독일, 프랑스, 미국	이탈리아, 오스트리아-헝가리, 일본
제2차 세계대전 이전	소련	영국, 독일, 프랑스, 미국, 일본	이탈리아
냉전시기	미국, 소련	중국	한국, 일본

그리고 국가 간 또는 협력체제국 간 균형과 불균형과 전쟁 발발에 대한 상관관계에 공통된 특징이 발견된다. 제1, 2차 세계대전과 냉전시기 국가 간 또는 국가군 간의 불균형이 발생한 7개 사례에서 국가 간 균형상태에서는 협력체제의 균형이나 불균형에 상관없이 평화가 유지되었고, 국가 간 불균형 상태에서 협력체제도 불균형이 발생한 상태에서 전쟁이 발발했다는 특징이 있다. 따라서 국가 간 불균형과 협력체제의 불균형이 동시에 발생하는 상태에는 충돌의 가능성이 높고, 국가 간 또는 협력체제에 의한 균형 중 하나의 경우만 균형을 유지하여도 안정과 평화가 유지될 가능성이 있다고 할 수 있을 것이다.

표 23 군사력 균형/불균형 및 전쟁과의 사례별 상관관계

시기	연도	국가	상태	협력 여부	상태	최종 상태
제1차 세계대전	① 1890년	독일	균형	O	불균형	평화
		프랑스		X		
	② 1910년	독일	균형	O	불균형	평화
		프랑스		O		
	③ 1914년	독일	**불균형**	O	**불균형**	**전쟁**
		프랑스		O		
제2차 세계대전	④ 1938년	독일	**불균형**	O	**불균형**	**전쟁**
		프랑스		X		
	⑤ 1939년	독일	**불균형**	O	**불균형**	**전쟁**
		영국		O		
냉전시기	⑥ 1965년	미국	불균형	O	균형	평화
		소련		O		
	⑦ 1965년	중국	불균형	O	균형	평화
		일본		O		

냉전기간에는 군사력의 균형상태에서 평화가 유지되었고, 1980년 이후 소련이 미국의 군사력을 추월하는 시기에도 소련과 중국의 협력이 이루어지지 않아 힘의 균형이 유지되고 평화는 유지되었다. 하지만 소련과 중국이 협력하여 미국과 군사력 불균형 상태에서도 미국과 소련 또는 중국과 균형을 유지하고 있는 상황에서는 전쟁으로 이어질 가능성보다 평화의 가능성이 더 높다고 할 수 있다.

이러한 국가와 국가군 간의 불균형의 형태는 [그림 9]와 같이 5가지의 형태로 나타날 수 있다. 이 중 적대국이나 위협국을 대상으로 국가 간의 불균형과 국가군의 불균형이 동시에 발생하는 경우가 가장 위험하고 불안정한 상태로 전쟁의 발생 가능성이 높은 경우라 할 수 있다.

그림 9 국가와 국가군간의 균형과 불균형의 형태

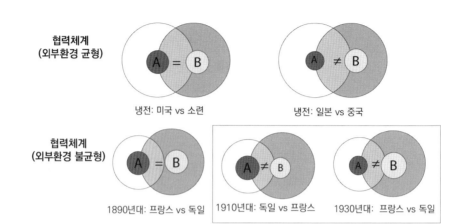

협력체계
(외부환경 균형)

냉전: 미국 vs 소련   냉전: 일본 vs 중국

협력체계
(외부환경 불균형)

1890년대: 프랑스 vs 독일   1910년대: 독일 vs 프랑스   1930년대: 프랑스 vs 독일

세력균형과 국가행동

모겐소는 세력균형은 힘의 균형을 통하여 국제정치의 안정을 달성할 수 있다고 주장하였으며, 왈츠는 세력균형이 자동적으로 유지되는 것이 아니라 국가 지도자의 의지에 의해서 달성된다고 본다.

모겐소는 힘을 이용한 현실 정치의 방법으로 현상유지정책(status-quo), 제국주의 정책(imperialism), 위신정책(prestige) 3가지 정책을 선택을 할 수 있다고 하였다. 하지만 세력균형의 취약성은 불확실성(uncertainty)으로 자국과 타국의 힘의 측정이 어렵다는 것이고, 비현실성(unreality)으로 지도자들은 자신의 힘이 타국의 힘보다 우위에 있는 상태를 힘의 균형이라 생각하기 때문에 현실적으로 달성이 어렵다고 본다.

또한 부적합성(inadequacy)으로 힘의 균형과 더불어 이념적으로 보완도 요구된다고 본다. 인간 본성을 주장하는 현실주의자인 모겐소는 권력의지(will to power)을 가진 인간본성에 의해 국가의 권력욕은 공세적인 형태를 취하며 힘의 극대화를 통한 패권이 궁극적인 목표이며, 월츠는 방어적 현실주의자로 무질서한 국제질서 속에서 생존을 위한 힘의 균형을, 미어샤이머는 공격적 현실주의자로 무질서한 국제사회의 무정부에서 생존을 위한 힘의 극대화로 최종적으로 패권국을 목표로 한다고 본다.

결국 현실주의자들은 국가가 세력균형을 위한 힘의 추구 방법으로 자국의 군사력 증강과 군사협력이 있으나, 월츠가 주장한 것처럼 자국의 생존을 위해서 자구노력에 우선하고, 완전한 상호협력은 불가능하다고 본다. 따라서 상호협력은 일시적인 것으로 자신의 힘의 증강과 더불어 대외적 힘과 일시적으로 협력한다는 것이다. 그리고 이러한 일시적 협력의 원인을 안보 불안과 불확실성에 근거한다고 본다.

이러한 원인을 무정부 상태의 국제체제에서 힘의 균형이 범위로 존재하기 때문에 국가들에게 불확실성과 불안전성을 증대시키고, 이러한 불확실성과 불안전성은 군사력을 증가시키는 국가행태를 만들어 낸다고 할 수 있다. 군사력의 균형이 완전한 평형의 의미가 아니기 때문에 상대국의 군사력 수준에 대한 정보를 정확히 알 수 없고, 군사력의 균형 수준이 어느 정도인지를 예측할 수 없어, 국가는 가능한 많은 군사력 확보를 추구하게 된다. 그리고 상대국보다 우세한 군사력 확보와 유지가 국가의 생존 가능성을 높이고, 국제체제의 불신과 불확실성을 극복할 수 있다고 보는 것이다. 따라서 국제사회에서 대부분의 국가들은 군비경쟁으로 이어지고, 냉전시기 소련의 경우와 같이 군사력의 증강이 자칫 자국의 생존에 치명적인 위험을 주기도 한다.

국가행동모델에서도 대부분의 국가가 군사력을 증강하였으며, 군사력을 감소하는 국가행동을 하는 경우는 드물다. 특히 양국이 군사력을 감소하는 경우는 더욱 찾아보기 어렵다. 제1, 2차 세계대전 패전국인 독일과 일본, 냉전시기 소련의 경우가 일시적으로 군사력을 축소를 보였지만, 대부분이 자국의 의지보다는 패전 국가로서 독자적 권한이 제한된 시기나 국가의 능력이 상실된 시기였다.

그러나 패전국은 시간이 지나면서 군사력을 재무장하고 증강하였으며, 독일은 재군비를 통하여 유럽의 최대 강대국으로 두 차례나 부상하였다. 또한 군사력은 속성별로 육군력, 해군력, 국방비에서 일시적으로 감소하는 경우는 있었지만, 군사력 전체를 감소하는 경우는 없었다. 따라서 자국의 생존을 위해 군사력의 증가는 필수적 행동이며, 위협국의 군사력 변화를 예의 주시하면서 가능한 상대국보다 높은 수준의 군사력을 유지하려 한다.

그리고 상대국 군사력의 변화를 주시하며, 단기간 또는 장기간에 군비경쟁에 돌입하는 경우, 힘의 균형을 유지하기 위한 국가행동도 중요하다. 항상 상대국에 대한 경계를 늦출 수 없으며, 힘의 변화에 민감하게 반응할 수밖에 없다. 상대국 군사력의 변화에 대한 국가행동은 자구의 노력에 의한 군사력 증대와 국제적 협력을 통한 힘의 확보를 추구하는 경향을 보여 왔다.

제1차 세계대전 이전 독일이 14년간 군사력의 증가에 프랑스는 적절한 대응을 하지 못하고 불균형 상태로 이어졌고, 제2차 세계대전 이전 4년이라는 짧은 기간에 프랑스, 소련, 영국은 독일의 급격한 군사력 증가와 군사 강대국으로 부상하는 것을 막지 못했다. 냉전시기 소련은 25년이라는 기간에 걸쳐 군사력의 증강을 통하여 미국의 힘을 추월하였다. 결국 이러한 상황에서 국가들은 자국의 군사력 증강과 협력을 통하여 적절히 행동하지 못한다면, 군사력의 불균형으로 이어져 위험한 힘의 분포 상태로 불안정성을 증대시키기도 하고, 냉전시기처럼 적절한 협력으로 균형을 유지할 수도 있다. 과다한 군사력의 건설은 독일과 소련의 사례와 같이 외부적으로 군비경쟁을 유발하고 악순환의 연속으로 이어져 내부적으로는 국부의 과다한 손실과 국가가 붕괴하는 등 내부의 위협 요소를 만들 수도 있다.

　　비록 군사력만을 국가의 핵심 힘으로 살펴보았지만, 경제력은 결국 군사력의 원천으로 경제적 바탕없이는 군사력의 증강이나 생존을 위한 준비를 할 수 없다. 경제적인 측면의 부가 군사적으로 가장 중요한 요소이지만, 선진국은 군사력보다 부를 선호하기 때문에 경제적 산출물을 무기 쪽으로 극히 일부만 전환하며, 19세기 영국은 GDP의 3%를 군사비에 지출하며 제국을 유지하였다.[202] 미국도 제2차 세계대전에 참전하여 강력한 부를 군사력으로 전환하여 승리로 이끌었으며, 세계대전 동안 미국의 경제는 막대한 전쟁 비용을 성공적으로 소화해 냈다. 그리고 미국은 전 역사를 통하여 군비 지출을 안정적으로 관리하였고, 냉전시기에도 평균적으로 10%를 넘지 않았다.[203]

　　하지만, 과거 독일은 막대한 국가의 부을 이용하여 군사력 증강과 침략전쟁에 소비하며 패망하였고, 소련은 미국과 과도한 군비경쟁에서 패배하였다. 이러한 사례는 경제력과 군사력의 상관관계에서도 적정한 수준의 국방비 지출이 필요하다는 교훈을 주며, 군사적 지출 허용 가능 수준으로 GDP의 10% 이내로 하여야 한다는 주장도 있다.[204]

　　그리고 외부적 힘의 확보 수단인 국가 간의 협력으로 제1차 세계대전 이전은 동맹과 협력으로 전쟁이 발발될 때까지 군사력의 불균형이 반복되었는데, 대체적으로 군사력의 수준이 낮은 독일, 오스트리아-헝가리, 이탈리아는 주변국들의 위협으로부터 생존을 위하여 동맹을 형성하여 상대국보다 군사력의 우위를 유지하였다. 하지만 강대국 프랑스, 영국, 러시아의 삼국협상은 새로운 심각한 불균형 상태를 만들었다. 군사력 동맹과 협력의 불균형 상황에서 독일의 군사력은 영국과 러시아와는 균형을 유지하였지만, 프랑스에게는 압도적인 군사력 우위의 불균형 상태였다.

하지만 오스트리아-헝가리와 이탈리아의 군사력 수준은 유럽의 강대국에 비하면 약소국 수준이었다. 결국 유럽은 동맹과 협력으로 인한 군사력의 불균형과 국가 간의 군사력의 불균형에서 전쟁의 도가니로 빠져들었고, 특히, 독일, 프랑스, 오스트리아-헝가리가 가장 심각한 피해를 입는 결과를 초래하였다.

제2차 세계대전 이전도 제1차 세계대전 이전과 비슷하게 유럽 강대국으로부터 생존의 위협을 받은 독일은 군사협력을 형성하여 주변국보다 압도적인 군사력을 유지하였을 뿐만 아니라, 개별국가 간의 상대적 군사력에서도 프랑스, 영국, 소련에 대하여 군사력 우위를 유지하고, 프랑스를 대상으로 전쟁을 시작하였다.

냉전시기 미국과 소련은 군비경쟁에서 중국의 협력과 이탈로 군사력의 균형은 유지되었고, 열전으로 향하는 힘의 불균형이 균형으로 전환되었다. 그러나 한국과 일본은 약소국으로 미국과 동맹을 통하여 힘의 균형을 유지하며 생존을 유지하였다.

그리고 동맹이나 협력은 독자적인 생존에 필요한 시기에만 유효한 것으로 일시적인 것이라고 할 수 있고, 대부분의 국가들은 동맹이나 협력 자체를 완전히 믿는 것이 아니라, 자국의 힘을 확보할 때까지나 상대적 위협이 제거될 때까지만 유효하다. 결국 국가의 생존은 자국의 군사력만이 믿을 수 있는 것이고, 이 군사력을 포기할 수 없기 때문에 군사력은 증가할 수밖에 없다.

따라서 모든 국가는 내부적으로 자구노력과 더불어 외부적으로 협력을 추구한다. 국가는 적대국에 대한 균형을 위해 자구노력을 먼저 추진하고, 협력을 부차적으로 추구하여야만 내외부적 힘의 변화에 완충적 대응이 가능하여 안정적인 힘의 균형을 추구할 수 있다. 국제체제에서 국가의 생존을 위해서 무한의 군사력을 추구할 수 없기 때문에 힘의 균형 수준을 유지하기를 희망하며, 가능한 상대국보다 우위의 균형을 추구하기를 희망한다. 하지만 힘의 균형이 범위(range)로 존재하기 때문에 국가는 정확한 힘의 균형을 알 수 없어 불확실성과 불안정성이 증가되고, 항상 국제사회를 구성하는 국가들의 행동과 힘의 변화에 민감하여야 하다.

제3절

해양국가와 대륙국가

일반적으로 해양국가나 대륙국가의 구분은 보통 국가의 지리적 위치에 근거하는 경우가 많다. 하지만 해양국가의 의미는 국가의 영토가 해양과 인접하고 있느냐 보다 국가의 전략적 가치와 목표를 해양에 두고 있느냐가 더 큰 구분이 된다. 중국과 러시아는 광대한 영토에 해양과 인접하고 있는 바다의 면적도 엄청나지만 해양국가보다는 대륙국가로 분류된다. 해양국가와 대륙국가의 구분은 국가의 전략적 가치나 사상과 힘의 중심(the gravity of power)이 육군력에 있느냐 해군력에 있느냐로 구분된다.

근대 해양력과 해군력의 대표적인 해양전략 사상가인 마한(Alfred T. Mahan)은 *The Influence of Sea power upon History: 1660-1783*에서 해양국가와 대륙국가의 분류를 국가의 지리적 위치, 해양력을 발전시킬 수 있는 물리력, 해안선과 적절한 항구의 보유와 영토의 크기, 해양력에 종사하는 인구, 해양력에 대한 국민성, 정부나 국가 지도자의 해양력에 대한 사고(思考)방식이나 정책으로 보았다.[205] 마한의 해양력에 대한 주장은 19세기 말 많은 국가에 지대한 영향을 미쳤으며, 특히 미국, 독일, 일본, 영국 등이 많은 영향을 받았고 미국 해군은 마한의 사상을 기본으로 해양 강국으로 성장하게 된다.

해양 강대국의 역사를 짧게 살펴보면,[206] 기원전 480년 사라미스해전에서 승리한 아테네가 페르시아전쟁(B.C. 492~480)까지 승리하면서 델로스(Delos) 동맹의 맹주가 되어 지중해와 에게해의 제해권을 확보한다. 그리고 이후 로마가 카르타고(Carthage) 전쟁과 118년간의 포에니전쟁(B.C. 264~147)에서 승리하면서 자연스럽게

페니키아인을 흡수하고 지중해의 제해권을 확보하며, 로마제국의 제해권은 A. D. 180년까지 계속된다. 중세에 들어서면서 유럽 역사에 바이킹(Vikings)이 대륙의 여러 국가에 영향을 미치며, 영국에서는 켈트족을 몰아내고 앵글로색슨족이 영국에서 새로운 국가 형성과 러시아, 프랑스 등 대륙까지도 영향을 미쳤다.

실질적인 해양력이나 해군력을 이용한 해양강국의 모습은 대양에서 항해할 수 있는 선박이나 함선 그리고 항해술이 발달한 근대에서 나타난다고 볼 수 있다. 근대에 포르투갈과 스페인이 근대의 해양 활동에 중심을 둔 범선시대의 탐험과 항해라고 할 수 있다. 이러한 해양 탐험의 주도국 포르투갈과 스페인이 15세기 초 아프리카, 아시아, 아메리카 등지로 해양 활동을 확대하면서 발이 닿는 곳을 자국의 영토라 주장하며 식민지를 확대하였다. 이러한 해양영토 확장으로 1494년 토르데실라스(Tordesilas)조약까지 체결하며 세계를 분할하기도 하였다. 하지만 두 국가는 세계의 식민지에서 얻은 부를 해군력의 확대에 두지 않고 귀족의 사치로 탕진하며 새로운 해양 강국에 그 지위를 넘기게 된다.

이후 16세기부터 영국은 바다를 통한 식민지 개척과 해양에서 사략선을 이용한 무역선을 약탈하는 활동으로 부를 얻게 되면서 엘리자베스 여왕(1558~1603) 시기에 사략선의 활동이 최대 전성기를 맞이하였고, 영국의 이러한 활동으로 스페인에게 국가의 부가 감소로 이어져 양국은 충돌하게 되었다. 하지만 1588년 스페인의 무적함대의 영국 응징은 실패로 끝나고, 영국이 제해권을 확보하며 해양 강국으로 부상하는 계기가 되었다. 이후 영국의 해양력에 도전하는 프랑스 나폴레옹도 트라팔가르해전(Trafalgar, 1805)에서 패하면서 19세기 대영제국(British Empire)의 지위를 확보하였다.

그러나 19세기 말 산업의 발달과 증기기관의 등장 등 과거 범선시대에서 증기선시대로 변화되고, 마한의 해양사상에 영향을 받은 많은 국가들이 해군력의 강화에 집중하며 새로운 해양강국으로 독일, 러시아, 일본, 미국이 등장하였다. 따라서 해군력에서 서서히 영국의 지위는 약화되기 시작하였으며, 제1, 2차 세계대전을 거치면서 해양에서 힘의 공백을 미국이 차지하게 되었다.

독일은 빌헬름 2세(1859~1941)의 강력한 해군력 건설 추진과 1900년도 해군조례에서 강력한 함대 보유를 명시하면서 군함 건조를 추진하였으나, 제1, 2차 세계대전에서 패전하면서 해양강국으로의 부상이 좌절되었다. 러시아는 표트르 대제(Peter the Great)에 의해 강력한 함대의 건설을 추진하였으나, 뿌리 깊은 대륙사상과 러일전쟁의 패배 등으로 해양 강대국으로 성장은 실패하였다. 중국도 기원전 219년경 진시황시대에 60척의 선단을 이끌고 불로장약을 구하러 한반도, 일본, 베트남까지 활동하며 청나라 시절 강력한 해군력을 보유하기도 하였지만, 광대한 영토와 대륙국가로서 만족하며 해양국가로의 성장은 좌절되었다.

일본은 메이지유신(1867) 이후 해양강국으로 부상하기 시작하였다. 특히 청·일전쟁(1894)과 러·일전쟁(1904)에 승리한 일본은 국제사회의 해양강국으로 부상하였으며, 제1차 세계대전에서는 동북아시아에서 제2차 세계대전에서는 미국과 제해권을 놓고 미국과도 경쟁할 수 있는 해양강국으로 성장하였다.

그리고 미국은 독립전쟁 이후 1775년 대륙해군(Continental navy)을 창설하였다가 예산의 문제로 1783년 폐지되었다. 그 후 19세기 말 마한의 영향으로 해양에 대한 관심을 가지게 되었고, 강력한 산업기반과 지리적 이점, 국가와 정부의 의지로 점진적으로 해양강국으로 변모하고, 제1, 2차 세계대전을 거치면서 완전한 세계 최강의 해양강국으로 성장하며 자리를 잡게 된다.

고대에는 육군력과 해군력 모두를 보유할 수 있었으나, 근대에 들어서면서 경제력 측면에서 보통국가에서 두 군사력을 강력히 보유한다는 것은 현실적인 한계성이 많았다. 제1차 세계대전 이전 1914년 육군 병력을 살펴보면 영국 38만 명, 러시아 130만 명, 프랑스 84만 명, 독일 81만 명 수준이었다. 해군력에서는 주변국이 70~130만 톤 수준이었으나, 삼국동맹 모두의 해군력을 합친 것보다 많은 270만 톤을 보유했다. 제2차 세계대전 이전에도 영국은 20만 수준의 육군 병력을 보유하였지만, 150만 톤의 해군력을 보유하였다.

해양국가보다 대륙국가 간의 불균형이 더 위험하고 전쟁의 가능성이 높다. 독일, 소련, 프랑스 등 대륙국가 간의 군사력의 불균형은 육군력의 불균형으로 초래되는 경우가 많으며, 이러한 경우가 전쟁의 발생이 더 높다고 할 수 있다. 하지만 제1차 세계대전 이전 영국과 독일이나 소련, 제2차 세계대전 이전 영국과 독일, 냉전시기의 미국과 소련, 중국 등의 경우는 해양국가와 대륙국가로 군사력 불균형 상황에서도 직접적인 전쟁은 발발하지 않았다. 해양국가는 우세한 해군력을 유지하고, 대륙국가는 우세한 육군력을 보유함으로써 해군력과 육군력이라는 힘의 대립상황에서 힘의 균형을 유지할 수 있었다.

제2차 세계대전 이전 영국과 독일의 경우에서처럼 독일이 전체적으로 압도적인 군사력의 우위를 유지하였지만, 영국의 압도적인 해군력의 열세를 극복하지 못하였고, 해양국가는 해군력의 우위만으로도 군사력의 불균형 상태에서도 국가 생존을 유지할 수 있는 것을 보여주었다. 또한 러일전쟁의 경우에서처럼 압도적인 해군력으로 상대국의 육군력을 극복하고, 국가이익을 위한 제한된 전쟁도 가능했다.

결국 이러한 사실에서 대륙국가 간의 군사력의 불균형 상태는 전쟁 발생 가능성이 높고, 해양국가와 대륙국가 간에는 해군력이 어떤 상태에 있는가가 국가 생존에 중요한 요소라고 할 수 있다.

제 VI장

현대 동북아시아의 세력균형

동북아시아 상황과 군사력 수준

1 동북아시아 상황

 냉전 이후 2020년까지의 동북아시아를 중심으로 군사력 변화와 2030년대를 조망해 본다. 소련 붕괴에 따른 냉전의 종식과 더불어 국제질서는 양극체제에서 미국 중심의 단극체제(unipolar system)로 변경되었다. 1990년대 이후 탈이데올로기와 더불어 국가의 경제발전이 우선시되면서 세계 각국은 경제적 협력관계를 중요시하고, 동서의 구분 없이 관계를 개선하며 세계화 속에 동북아시아도 이념을 벗어나 경제적 상호협력 등 국가 간의 교류를 활성화하기 시작하였다.

 패권국 미국은 자의든 타의든 세계 경찰국가로서 세계질서를 유지하여 왔으나, 9·11테러는 미국뿐만 아니라 세계질서, 위협, 전쟁의 형태에 많은 영향을 미친 변곡점이었다. 미국은 10년에 가까운 기간 동안 테러 조직 와해를 위해 '테러와의 전쟁'을 선포하고, 빈 라덴(Osama bin Laden) 제거작전을 수행하며, 재래식 전쟁(conventional war)보다 비정규전, 비전통적 군사적 위협에 집중하였다.

 그런 가운데 중국은 국제질서에 크게 개입하지 않으며, 방관자처럼 조용하고도 급속한 경제성장과 더불어 군사력을 강화하여 왔다. 1980년대부터 추진해온 국방 현대화는 중국이 2010년을 지나면서 국제사회에 그 무게감이 현실로 나타나며, 시진핑의 '중국몽(中國夢)'이라는 원대한 국가목표 아래 '일대일로(一帶一路)' 정책을 추진하며 국제사회에 새로운 힘의 부상을 현시하고 있다.

코로나19 팬데믹 상황에서도 2020년도 전 세계의 국방비는 3.9%가 증가했고, 미국의 국방비가 6.3%, 중국이 5.2%가 증가하며, 두 국가의 국방비가 전 세계 국방비의 약 2/3를 차지하는 것으로 분석되었다.[207] 그리고 미국은 연례위협평가보고서(Annual Threat Assessment)를 이례적으로 공개하며, 중국, 러시아, 이란, 북한을 별도의 장으로 구분하여 명확히 위협으로 명시하였다.[208] 이렇듯 미국은 중국의 부상에 심각한 우려를 표하며, 중국이라는 경쟁자(competitor)의 영향력(influence) 확대 저지와 국제규범의 손상과 파괴를 국제적 협력으로 억제하겠다는 의도를 명확히 하였다.

러시아는 푸틴의 '강력한 러시아 재건'을 목표로 핵, 미사일 등 각종 전력의 현대화를 추진하고 있다. 일본도 중국과 러시아의 세력 확장에 맞서 미국의 동맹국임을 자처하며, 미국을 대신하여 아시아에서 역할을 강화하기 위한 보통국가로의 변화, 군사력 증강 및 반중국 연대에 앞장을 서고 있다. 특히, 아베 전총리가 주장한 '자유롭고 열린 인도-태평양 전략(Free and Open Indo-Pacific Strategy: FOIP)'을 2018년 정식 국가정책으로 채택하고, 미국과 적극적인 공조하에 QUAD 국가와 협력 강화, 유럽의 '아시아·태평양 전략구상'과 연계하여 유럽 국가와 연대에도 앞장서고 있다.

이러한 가운데 한국과 북한은 남북군사합의 이후 긴장 상황이 지속되며, 북한 핵문제 해결과 회담은 진전이 없고, 북한의 핵과 미사일은 더욱 고도화되어 핵무기가 40~50개까지도 보유한 것으로 추정하고 있다.[209] 국제사회의 불확실한 변화 속에 주변국과 북한의 위협이 예상하기 어려운 복잡한 상황으로 전개되고 있다.

동북아시아 국가들은 군사력 증강(internal balance), 동맹과 협력(external balance) 등 국가의 생존과 안전을 위하여 생물과 같이 끊임없이 행동하며 국제환경의 변화를 유발하고 있다. 특히, 중국은 2030년대 창군 100주년과 더불어 '국방 및 군현대화'를 실현하고, 2050년대 건국 100주년에 '세계일류군대건설'을 목표로 하며, 힘의 분포가 변화될 것으로 전망된다.

가. 미국

9·11테러 이전 클린턴정부가 추진해 온 군사혁신(Revolution in Military Affairs: RMA), 미래위협의 불확실성과 두 전쟁 동시승리전략 또는 Win-Win전략(2 Major Theatre of War 2: MTW) 등을 추진하여 왔고, 부시정부는 능력기반 국방기획(capabilities-based planning)정책으로 기조 변화를 추구하였다. 그리고 9·11테러 발생 이후 2MTW전략 개념을 '1-4-2-1전략'으로 대체하여 군사력 운용개념을 정립하고, 테러 위협으로부터 본토의 완전한 방어에 집중하였다.[210]

하지만, 9·11테러 발생 이후 장기간의 대테러전은 오바마 정부의 새로운 위협에 대응하는 국방정책 추진에 걸림돌이 되었다.[211] 오바마 행정부는 2011년 말부터 아시아에 대한 개입(engagement) 의지와 2012년 국방전략지침에서도 아시아·태평양지역의 중요성을 강조하며 전력 재배치를 추진했다. 그러나 트럼프정부는 국가안보전략(National Security Strategy: NSS, 2017. 12. 18)을 미국 우선주의에 중점을 두었고, 그 결과 중국의 부상에 다소 등한시한 경향도 없지 않다.[212]

중국은 2010년부터 6~12%의 GDP 성장과 5~10% 국방비 증가로 강대국으로 급부상하며 세계가 두려워하는 국가로 변화되었고, 바이든정부에서는 2021 연례위협평가를 통해 '중국의 부상'을 제1의 위협으로 인식하고, 바이든정부 출범과 동시에 트럼프정부의 해외주둔미군재배치계획(Global Defense Posture Review: GDPR) 재검토 및 중국에 대한 대응 전략 수립을 지시하였다.[213]

그리고 중국을 군사적으로 압박하기 위해 2015년 10월 최초로 시작된 동남중국해에 대한 '항행의 자유작전(Freedom of Navigation Operations: FONOPS)'[214]과 대만해협 통과작전을 강화하고, 대만에 무기수출 등 군사협력과 외교적 친밀도도 더욱 증대하고 있다. 바이든대통령과 스가총리 정상회담에서도 센카쿠(중국명: 다오위다오)열도가 미일 안보조약에 포함됨을 재확약하고, 일본의 역내 역할자로서 지위를 확고히 지지하고 있다. 또한, QUAD 협력과 EU와 NATO에 대한 대중국 견제와 억제에 동참을 견인하며, 프랑스, 영국, 독일 등 주요 국가의 군사력이 인도-태평양 지역으로 파견되고 있다.

'인도-태평양 전략'[215]에 따라 역내 준비태세 증강, 파트너십 강화, 지역 네트워

크를 향상하고, 아프가니스탄 미군 철수를 2021년에 마무리하고 인도-태평양에 집중하여 이 지역에 미군 전력의 60% 이상을 배치하여 중국에 대응할 예정이다.[216] 그리고 군사력의 효과적 운용을 위해 '다영역작전(Multi-Domain Operations: MDO)'과 '역동적 전력전개(Dynamic Force Employment: DFE)', '분산해양작전(Distributed Maritime Operations: DMO)'과 '원정전진기지작전(Expeditionary Advance Base Operations: EABO)' 개념 등을 발전시키고 있다.[217]

미국의 군사력 유지와 증강을 위한 국방예산은 냉전 이후 1985년에 GDP 대비 5.7%까지 증가하였으나, 이후 약 3% 수준으로 감소하였다가 2015년부터 다시 증가시키고 있다. 2030년 전체 병력은 육군 11,500명의 증가를 포함하여 총 130만명 이상이 유지될 것으로 전망되며,[218] 전투기는 2023년까지 F-35C/B 약 200대를 포함하여 650대 이상 확보하여 기존 전투기를 대체할 예정이다.[219]

그리고, 미해군 전력은 2016년 12월 FY2018 국방수권법상 355척의 함대 건설 목표와 2019년 분산함대구조(distributed fleet architecture)로 변경하는 신개념을 구상하고 있다.[220] 항공모함 등 대형함정 중심의 전력구조에서 발생하는 운용유지 비용 과다, 중국의 A2AD 전략의 핵심 무기인 둥펑-26 등 극초음속 대함탄도미사일에 대한 취약성 등을 고려 유형함대와 유령함대 혼합 구성을 계획하고 있다.

미국의 국방비 추이와 함정 건조계획 등을 고려 2030년에 미국의 군사력 수준은 국방비는 2011~2018년까지 GDP 대비 평균 3.5% 및 GDP 성장률 2.5%를 적용 약 8,400억 달러, 병력 135만, 주요 전투함 248척 이상을 유지할 것으로 전망된다.

나. 중국

중국은 1980년대부터 군의 현대화를 계획성 있게 추진하며, 급격한 경제성장을 바탕으로 급진적인 군사 대국화로 전환하고 있다. 냉전 이후 중국은 종심 깊은 대륙중심의 방어전략에서 해양력 확대를 통한 적극적인 방어전략으로 전환하면서 국가의 체질을 변경하고 있다. 중국 건국 100주년인 2049년 중국몽 실현을 위한 국가적 항해를 지속하고 있다.[221] 중국군의 현대화와 개혁은 1991년 이라크 '사막의

폭풍작전(첨단 정보작전)', 1999년 나토 코소보 작전(스텔스 첨단무기 운용) 등에서 서구의 기술과학 기반의 전쟁을 보았고, 1996년 타이완 해협 위기에서 경험한 중국의 치욕과 군의 사기 저하는 새로운 군으로 변화를 각오하는 계기가 되었다.[222]

2020년 공산당 19기 제5차 당대회에서도 국방 및 군대현대화 건설 3단계 계획 지속 추진을 확정하고, 1단계(2020년대)에 제1열도선 억지 및 실전 능력을 완비하고, 2단계(2035년) '국방 및 군현대화 실현'과 아시아에서 군사력 선두를 확보하며, 최종적 3단계(2050년)에서 '세계일류군대건설'로 방어종심을 제3열도선까지 원해작전능력을 확장할 것으로 전망된다.[223]

실질적인 군사력 개편은 2015년 시진핑이 지상군 병력 30만 감축을 선언한 이후 중국 내륙을 '지역방어군'체제에서 '전역작전 기동형부대'로 전환하여 중국을 7대 군구에서 5개 전구로 재편 및 연합 합동작전 지휘기구를 설립하여 다양한 군종의 지휘체계를 일원화하였다. 지상군의 기동성과 효율성을 증가하기 위하여 집단군-여단-대대로 작전지휘체계 간소화와 보병여단에 추가하여 기계화 여단, 항공여단 등 기능화된 80여 개 이상의 여단을 창설하여 지역과 임무에 따라 적합한 합성여단을 작전부대로 편성하여 신속한 작전을 수행할 수 있는 체제로 전환하고 있다.[224] 이와 같은 지휘체계와 작전운용개념의 변화는 미국과 유사하다고 할 수 있다.

특히, 중국은 A2AD 개념과 연계한 해군과 공군, 미사일 전력 강화에 중점을 두고 군사력을 강화해 왔다. 공군은 2020년 1,500대의 전투기 중 800대를 4세대 전투기로 운용 중이며, 향후 5세대 전투기 개발과 전투기 2,500대 이상을 보유할 것으로 전망된다. 그리고 로켓군은 단거리에서 대륙간 탄도미사일까지 다양하게 보유하고 있다. 특히 둥펑(DF-26) 중거리탄도미사일은 3,000km 이상의 재래식 또는 핵무기를 탑재하고 지상표적뿐만 아니라 해상표적까지 타격 가능한 탄도미사일로 200기 이상을 보유하여 중국 연안 2,000km 이내에 위치한 지상기지와 항공모함을 위협하고, 장거리 순항미사일을 장착한 중거리 폭격기의 성능향상으로 4,000km까지도 그 공격 범위가 확대될 것으로 전망되고 있다.[225]

중국의 해군력은 2000년도에 일본을, 2020년에 러시아를 추월하며, 미국 다음으로 해양강국의 위상을 차지하고 있다. 대륙국가에서 해양국가로의 변신을 위해

무서운 속도로 '해양굴기' 정책을 추진하고 있다. 1990년 이후 연 2척 이상의 호위함, 구축함, 잠수함을 건조하며 원해작전능력을 구비하고, 9단선 내 도서와 암초에 14개 군사기지를 건설하며 해양영토를 확장하고 있다. 2000년도 제1열도선의 근해방어전략에서 제2, 3열도선의 지역, 원해전진방어전략으로 전환하며 전 세계로 작전범위를 넓히고 있다.[226]

2030년에 전투함만 300척 이상, 전체 함정은 400척이 넘을 것으로 예상하고 있다.[227] 미국은 중국이 향후 미국을 뛰어넘는 군사력 보유를 추구하고 있는 것으로 평가하고 있으며, 실제 전력의 건설에서도 그 목표를 뚜렷이 보여주고 있다.[228] 3~10%에 이르는 고도의 경제성장을 바탕으로 GDP 대비 1.3%대의 국방비를 투입하고 액수의 증가율은 6.6~12.2%에 이르고 있다. 2021년 IISS 발표에 따르면 아시아 국방비의 43.2%가 중국이 차지하는 것으로 분석되었다.

이러한 추세로 2030년대 중국의 국방비는 약 3,500억 달러 이상, 전체 병력은 현대화 계획에 따라 30만 명을 감축한 200만 명을 유지하고, 전투기는 2,500대 이상을 보유할 것으로 추정된다. 그리고 해군은 항모 5척을 포함하여 전체 400여 척 이상, 주요 전투함 260척 이상을 확보할 것으로 전망되고 있다.

표 24 중국해군 함정 발전 전망

구분	2020년	2025년	2030년	2040년	비고
항공모함	2	3	5	6	4번함 핵추진
잠수함 (SS/SSN/SSBN)	57 (47/6/4)	63 (47/10/6)	68 (46/14/8)	72 (46/16/10)	+15 (−1/+10/+6)
순양함/구축함	102	120	135	140	+38
상륙함 (LHA급/LPD급)	7 (0/7)	14 (4/10)	18 (4/14)	20 (6/14)	+13 (+6/+7)
총 척수	239	276	310	333	+94

다. 러시아

냉전시기 미국과 패권을 다투던 세계 최고의 강대국이라는 국가 위상이 다소 후퇴하였다는 평가도 있지만, 여전히 군사 강대국으로서 지위를 유지하고 있다. 2008년 미국과 NATO의 경고에도 불구하고 조지아(Georgia)를 점령하는 등 러시아의 힘을 과시하고, 군사력 현대화와 신개념의 군사교리 발전 등 국가정책을 성공적으로 추진 중이라는 평가다.[229]

2000년대 푸틴 집권과 더불어 '강한 러시아'와 '강대국 위상회복'을 지향하는 공세적 방어개념과 미래를 대비한 2020년 '북극전략'을 발표하며, 2035년을 목표로 북극지역을 러시아 영토로 공고히 할 예정이다.[230] 그리고 '국가 재무장 계획 2027('18~'27)[231]에 따라 항공우주분야와 군사력 현대화로 지상장비 개선, 군사기술 연구개발, 특히 극초음속 미사일 등 비대칭 무기개발과 핵전력 현대화에 집중하고 있다.[232]

러시아 육군은 병력 중심의 군에서 기술 집약형 군으로 개혁을 추진하며, 징집기간을 24개월에서 12개월로 단축하고 전문병의 규모를 증가하여 100만 명 이하의 병력수준을 유지하는 군복무체계로 혁신하였다.[233] 그리고 2015년에 전략 핵무기, 전투기, 함정 및 잠수함, 방공망, 정보체계 등에 우선권을 부여하고, 10년 동안 7천억 달러 규모의 무기 근대화 계획을 추진하며, 국제유가가 50%까지 급락하는 악재에도 불구하고 군현대화 예산만은 줄이지 않았다.[234]

특히, 군현대화의 핵심인 극초음속미사일은 1980년대부터 개발을 시작하여 미국을 비롯한 서방국가보다 앞선 기술우위를 확보하고, 미국의 MD체계 무력화 또는 Game Changer 무기로 평가받고 있다. 재래식 또는 핵탄두를 탑재하고 마하 20으로 비행하는 아방가르드 ICBM을 '19년 말 실전 배치하였고, 함정 및 항공기에서 발사 가능한 '지르콘' 및 '킨잘' 탄도미사일(마하 10 이상)도 시험발사를 완료하고 실전배치를 준비 중이다. 이와 더불어 5세대 스텔스 전투기 SU-57을 2010년부터 자체 개발하고 2020년부터 전력화를 진행 중이다.[235]

러시아 해군은 중국에 2020년 추월당했지만, 세계 제2위 해군력 위상 재탈환을 위해 과거 퇴역한 항공모함과 순양함의 개량 및 재취역, 극초음속 미사일 탑재, 자율무인기 및 해상 로봇체계의 무기화, 핵잠수함의 건조 등 해상 전력건설에도 집중하고 있다. 2018년부터 러시아 유일의 에드미럴 쿠즈네초프(Admiral Kuznetsov) 항공모함 재취역을 위한 장기 수리를 진행하고 있고, 10만 톤급의 항모건조를 위한 설계를 추진 중이며, 2019년 국제해양방위산업전(IMDS)에서 모형을 공개하였다. 그리고 2만 톤급 원자력추진 순양함 에드미럴 나히모프(Admiral Nakhimov)도 2022년 재취역을 위한 막바지 수리가 진행 중이다.[236]

러시아는 군사력 현대화를 위해 2000년대에 GDP 대비 2.5~4%(평균 3.3%)를 국방비로 편성하고 있으며, GDP 성장률은 평균 1.5% 수준을 유지하고 있다.[237] 이러한 추이를 고려하여 볼 때 2030년경 국방비는 840억 달러, 전체병력은 100만 명이하로 유지하고, 해군은 경항공모함과 헬기모함 4척을 포함하여 잠수함, 구축함, 호위함 등 성능 개량과 증강으로 잠수함 70척 이상, 수상 전투함 80척 이상 등 총 160척 이상을 보유할 것으로 전망된다.

라. 일본

일본은 1,000해리 전수방어(專守防禦) 원칙을 기본으로 국가안보와 관련한 방위정책을 발전시켜왔다. 1990년 걸프전을 계기로 일본은 1992년 'PKO법안' 통과와 캄보디아에 자위대 파견을 시작으로 군사활동 영역을 확대해 왔다. 2013년에는 중국의 부상, 그리고 북한 위협을 부각하며 '적극적 평화주의'를 국가안보전략에 명기하고 방위청을 방위성으로 승격하였다. 또한 자위대의 위상을 정규군으로 승격시켜 '보통국가'로 변신하는 데 주력하고 있다.

일본의 GDP는 2000년 중국의 4배였으나 2010년 중국에 추월당하였고, 국방비에서도 2001년에 중국에 뒤지며 2020년에는 4배 이상의 격차를 보였다. 일본의 위기감은 더욱 커졌고, 국가안전보장전략(2021. 3. 3.)에서 높은 수준의 국방비 증가와 급격한 안보환경 변화에 대비할 것을 주문하고 있다.[238] 이와 더불어 지상, 해상, 공중 및 우주, 사이버, 전자전 등 다차원적 통합방위력 구축과 '영역횡단작전(Cross-Domain Operations)' 실현을 위해 통합막료부의 능력을 보강하고, 평시부터 미국과 상호운용성 강화를 통한 동맹을 더욱 견고히 하고 있다.

군사력 증강을 위하여 2012년 46,453억 엔에서 2020년 50,688억 엔으로 11% 이상을 증액하였으며, 향후 GDP의 1% 이상을 국방비로 투자하는 것도 염두에 두고 있으며, 일본의 GDP 연평균 2% 이상 증가를 고려할 때 일본의 국방비는 지속 증가할 것으로 예상된다.[239]

육상자위대는 지역책임방어에서 3개 기동사단과 4개 기동여단, 1개 기갑사단 등으로 기동성이 강화된 부대로 전환하고, MV-22 등 항공전력을 통한 공중기동 능력 강화와 수륙기동부대 창설을 통해 합동상륙작전능력을 향상시켜 멀리 이격된 도서지역에 대한 신속전개능력을 강화하고 있다. 그리고 지대함 미사일 사거리를 증대하여 적기지 타격 능력 확장과 F-15 전투기에도 탑재를 추진하고 있다.[240]

해상자위대는 이즈모급(Izumo) 헬기모함 2척을 전투기(F-35B) 탑재가 가능한 경항공모함으로 개조 중이며, 이지스 전투체계 탑재함 2척을 추가 확보하여 10척 체제로 일본 전역을 365일 방호한다는 계획이다. 그리고 주변 해역 경계 감시강화를 위한 구축함과 호위함 등 50척 이상 확보 및 초계함부대를 창설하고, 대해상 및 대잠잠수함 능력 강화를 위해 기존 해상초계기(P-3) 70대 이상을 신형(P-1)으로 교체하여 약 190대를 운용할 예정이다. 잠수함은 현 22척 체제를 유지하며 수중작전 능력이 우수한 3,000톤급 잠수함으로 교체할 계획이다.[241]

공군자위대는 스텔스 전투기(F-35) 147대와 공중급유기 4대 도입과 F-2 후속 전투기를 2020년대부터 개발하여 2035년에 차세대 전투기로 전환하여 290대 이상의 전투기와 무인기의 혼합 운용을 계획하고 있다.[242] 그리고 우주작전대 신설('20 .5.)과 우주기본법('20. 6.) 개정을 통하여 우주작전 및 사이버작전 능력도 강화하고 있다.

향후 자위대는 최소 GDP 대비 1% 수준 이상의 국방비를 유지하며, 2030년경 일본의 국방비는 GDP 성장률 1.5% 고려 786억 달러, 병력은 25만 명 체제를 유지하고, 전투함은 헬기항모 4척, 잠수함 22척, 구축함 54척 등 주요 전투함 약 90척을 보유할 것으로 전망된다.

마. 한국과 북한

한국 안보는 북한의 무력도발을 억제하기 위하여 1953년 체결된 한미상호방위조약에 기초하여 수십 년 동안 자주국방과 국방개혁을 추진하며, 한국군의 역할 증대와 군사력을 강화하여 왔다. 2000년 이후 국방비는 GDP의 2.5%(2020년 2.64%) 수준을 유지하고 있다.[243]

2020년 『국방백서』에서 북한의 핵 및 미사일 고도화 등 동북아시아의 안보환경이 복잡하고 갈등이 심화되고 있다고 평가하고 있다.[244] 미래 환경에 능동적으로 대응하기 위하여 '국방개혁 2.0 기본계획'[245]을 추진하며, '정예화', '스마트화', '선진화'된 군으로 탈바꿈을 추진하고 있다. 미국으로부터 전시작전권을 전환하여 한국 주도의 작전수행능력을 확보하고, 기존의 병력집약형 구조에서 첨단무기 중심의 기술집약형 구조로 군의 체질 변화를 추구하고 있다. 육군은 미래 11.8만 명 감축에 따라 '드론봇(drone-bot) 전투체계'와 '워리어플랫폼' 계획을 추진하여 전력을 보강하고, 공군은 '퀀텀 5.0'을 발표하며 미래 항공우주군으로 변화를 추구하고 있으며, 해군은 원자력추진 잠수함과 항공모함 확보를 위한 논의를 진행하고 있다.

국방개혁의 성공적 추진을 위하여 "2021~2025년 국방중기계획"[246]에 5년간 총 300조 7,000여억 원이 필요한 것으로 평가하고, 방위력개선비에 100조 1,000억 원이 투입될 예정이다. 2025년까지 군사용 정찰 위성 확보 등 정보감시정찰 능력 확충, 미사일 탄두 중량 증가, 탄도미사일 방어능력 강화 등 다양한 사업을 추진할 계획이다. 해상·상륙작전 능력 강화를 위하여 경항모와 수직이착륙 전투기 확보도 추진 중이다. 이와 더불어 이지스함 추가 확보, 6,000톤급 한국형 차기 구축함 확보, 3,600~4,000톤급 잠수함 건조도 병행할 계획이다. 아울러 F-35 전투기 추가 도입, F-16 성능 개량과 한국형 차기 전투기(KF-X)도 자체 개발을 추진하고 있다.

북한은 한국전쟁 이후 중국과 러시아의 지원으로 군사력을 재정비하였으며, 이 시기에 확보한 전차, 항공기, 함정 등 다양한 재래식 무기체계들을 아직도 운영 중이기도 하다. 1990년대에는 특수작전능력 강화, 2000년대는 핵과 미사일 능력 강화에 집중하며, 지속된 경제난과 대규모 홍수 등 재해재난 상황에서도 GNP 대비 약 25% 이상(최대 37.9%)을 군사비로 사용되고 있는 것으로 평가되고 있다.[247]

최근 북미 비핵화 협상의 결렬, 코로나19 상황으로 인한 국가봉쇄 등으로 심각한 경제적 어려움이 가중되고 있는 심각한 상황에서도 핵무기와 탄도미사일 개발, 다양한 무기체계 개발 등을 지속하고 있으며, 항공기 1,300대, 전투함 430척, 상륙함 250척, 잠수함 70척, 탱크 4,300대, 단연장 로켓 발사기 5,500대, 미사일 1,000기 이상을 보유한 것으로 추정하고 있다. 특히, 미사일 고도화를 위해 '2012~2020'년까지 미사일 발사시험을 114번이나 실시했다('16 최대 24회 실시).[248] 2020년 10월과 2021년 1월에 2차례에 걸친 열병식을 통하여 본 육·해·공군 전력은 재래식 무기체계의 대부분이 1960~1980년에 운영되는 장비를 개량하였고, SLBM, 이스칸데르미사일, 북극성 5호 등 핵무기와 탄도미사일의 개발에 국방비 대부분을 집중하고 있는 것으로 평가하고 있다.[249]

하지만 북한의 대량 비대칭 무기체계, 다수 다량의 재래식 무기 보유는 세계적 수준으로 평가되고, 특히 북한의 핵무기와 탄도미사일의 능력은 미국까지 위협하고 있다. 앞으로도 재래식 무기의 개량과 개발과 더불어 핵, SLBM, 잠수함 개발 등 비대칭, WMD 무기체계의 고도화에 집중할 것으로 전망된다.

② 동북아시아 군사력 수준 변화

냉전시기부터 2020년까지 군사력 변화와 2030년경 군사력 전망을 통해 국가별 군사력 수준 변화를 살펴보면 [그림 10]과 같다.

그림 10 주요국의 군사력 변화와 전망(1950~2030, 단위: %)

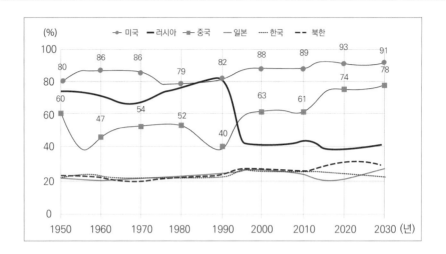

* 북한은 2011년 이후부터 분석에 포함. 이전은 한국과 동일 수준으로 가정

　　2010년 이후 상대적 군사력 변화는 중국만이 급속히 증가하고 있는 추세이다. 그리고 2030년대 미국의 군사력이 상대적으로 유지 또는 다소 감소하는 것으로 나타났다. 하지만 힘의 분포에서 압도적 수준의 군사력을 보유한 국가는 미국과 중국이며, 중진국이 러시아, 약소국이 한국, 일본, 북한이었다.

　　그리고 2030년대 중국의 군사력은 미국을 추월하지 못하는 것으로 전망된다. 양국의 격차는 급격히 줄어들고 있지만, 2040~2050년에 군사력의 전이(military power transition) 가능성을 전망하는 것이 쉽지는 않다. 하지만, 미국이 과거 구소련과 같이 붕괴하거나 심각한 경제적 위기 등으로 현재의 군사력을 유지하지 못할 상황이 발생하거나, 중국이 구소련처럼 단기간 내 급격한 군사력 증강으로 미국의 힘을 추월하기 위한 무모한 계획을 추진하는 경우를 제외하고 힘의 전이가 발생할 가능성은 높지 않을 것으로 보인다.

　　중국 또한 과거 구소련이 1970년부터 20년 동안 미국과 패권경쟁에서 실패한 전철도 밟지 않을 것으로 보인다. 시진핑은 구소련의 전철을 밟지 않으려 그 붕괴 원인을 신중하고 철저하게 분석했다.[250] 고르바초프의 치명적 실수는 자국 경제를 개혁하기 전에 사회에 대한 정치적 통제력을 먼저 완화했고, 공산당의 부패를 방치했으며, 소련의 군대도 국가에 속한 것으로 만드는 오류를 범했다고 보았다. 그래서 시진핑은 사적 사치행위에 대하여 공산당원들에게 경고하고, 중국을 공고한 공산당 중심 체제로 변화시켰고, 군사개혁으로 군지휘관들이 당과 그 지도자에게 충성하도록 하였다.

그리고 중국은 1990년대 이후 구소련의 붕괴 이후 급속한 경제성장과 더불어 2001년에 일본의 국방비를, 2010년에 GDP를, 2015년에 해군력을 추월하였고, 2020년에는 러시아 해군력을 추월하며 점진적으로 미국의 군사력에 도전하고 있다.[251] 과거 구소련의 군비경쟁 당시 급격한 군사력 증강 추이와 30년 동안 완만한 점증 추이에는 확연한 차이가 있다. 또한 중국이 2050년경을 '세계일류군대'를 목표로 향후 30년을 더 군사력을 증가시키면, 냉전시기 이후 30년을 포함하여 60년간을 꾸준한 국가의지를 가지고 일관되게 군사력을 건설하는 보기 드문 역사적 사례가 될 것이다.

미국도 냉전시기 40년 동안 구소련과 장기간 군비경쟁에서 한 국가를 붕괴시키며 70년 동안 세계패권을 유지하여 왔다. 2050년까지 현 수준 이상의 군사력을 유지할 경우 100년 이상 패권을 유지하는 국가로 역사에 남을 것이다. 또한 중국의 부상에 미국이 군사, 경제, 기술 등 다양한 분야에서 경쟁, 견제와 억제 전략을 펼치며 중국의 도전을 방치하지는 않을 것으로 보인다. 단정할 수는 없지만, 미국이 경제적 붕괴나 심각한 국가 위기로 군사력을 유지할 수 없는 상황이 도래할 징후는 아직 나타나지 않고 있다.

그리고 한국, 일본, 러시아, 북한의 상대적 군사력은 큰 변화 없이 현상 유지 수준으로 분석되고 급격한 변화 가능성도 낮아 보인다. 비록 러시아가 세계 제2위의 강대국 위상 확보를 시도하고, 일본도 미국의 지원과 역내 역할 확대를 위하여 국가적 노력을 하고 있지만, 2030년 힘의 변화에 큰 영향을 미치지 못하는 것으로 분석되었다. 군사력 증강이 예산 반영에서 확보까지 짧게는 5년, 길게는 10~20년 소요되는 제한사항을 고려한다면, 2030년 이후에도 미국과 중국 주도의 패권경쟁에 러시아를 제외한 국가들은 자국 생존을 위한 일정 수준의 군사력 확보 노력과 더불어 추가적인 외적균형에 더 많은 집중이 필요할 것으로 보인다.

미국과 중국의 힘의 경쟁

1 미국과 중국의 패권경쟁

　미국과 중국의 패권경쟁은 없으며, 중국이 경제력과 군사력에서 미국을 앞서지 못할 것이고 중국을 경제적으로 과대평가한 잘못된 상황분석이라는 주장도 있다.[252] 반면에 중국이 미국과 같은 패권(hegemony)을 추구하지 않고 미국과는 완전히 다른 평등과 협력, 협치, 호혜상생과 이익공유, 다자주의와 포용주의를 추구하는 '신형 초강대국'을 추구한다는 주장도 있다.[253] 또 다른 주장으로 미국의 글로벌트랜드 2040(Global Trand 2040)에서는 다양한 형태의 다섯 가지 가상 시나리오를 전망하기도 한다.[254]

　경제적 측면에서 미국의 세계경제 비중의 변화가 2차대전 직후 50%, 1980년대 22%, 2015년 16%, 2040년대 11%로 지속 감소되고, 중국의 비중은 1980년대 2%에서 2015년 18%, 2040년대 30%로 확대를 전망하기도 한다. 미국과 중국은 세계 경제의 큰 비중을 차지하며 계속하여 군비경쟁이 발생할 가능성을 전망하고, 실질적으로 중국은 1980년 후반 이후로 평균 GDP의 2%만 국방비에 사용하는데 미국은 4%까지 증대하여 사용하고 있다.[255]

　향후 양국의 경제력이나 군사력의 큰 퇴보가 발생하지 않는 환경에서 2030년 미국과 중국의 힘을 비교하여 보면, 미국의 상대적 군사력이 91%, 중국의 상대적 군사력이 78%로 격차는 약 13%로 줄어들어 힘의 균형이 유지될 것으로 예상된다.

하지만 중국이 2050년에 '세계일류군대'를 건설하고 '중국몽'을 실현이 완성된다면, 국제질서는 중국의 국제 리더십, 공산주의 국가가 지배하는 새로운 국제환경과 국제체제가 구축되는 상황이 될 것이다. 이러한 미래 환경을 위해서는 중국이 2020년부터 30년을 더 군사력에 집중투자를 하여 미국의 힘을 추월하고 압도적 힘을 보유하여 미국을 통제하거나 세계질서에 개입을 차단할 수 있어야 한다.

중국이 7%대 이상의 경제성장을 유지하며 미국보다 더 많은 국방비를 지출하여야 하고, 미국의 군사력은 최소한 현행이 유지되거나 감소 또는 중국의 군사력 증강 속도보다 아주 완만한 증가를 하여야 한다. 가령 2010년부터 군사력 격차가 점진적으로 줄어들고 있고, 미래에도 지금과 같은 추이가 지속된다고 가정하면, 2050년에 중국이 미국과 대등한 수준이나 추월이 가능할 수 있을 것이다. 그러나 군사력 격차는 과거 구소련이 일시적으로 미국을 추월한 사례와 유사한 근소한 수준에서 우위를 확보할 수 있을 것이다. 중국이 압도적 군사력을 보유하고 패권을 확보하는 것은 어려워 보인다.

그리고 힘의 경쟁을 추구한 기간과 추이에서 과거 미국과 구소련이 약 25년, 냉전시기 전체로 보면 약 40년 동안 군비경쟁을 했지만, 구소련의 경제적 한계와 소련연합체제의 붕괴 등으로 패권 확보에 실패하며 중위권 군사력 국가로 후퇴하고 말았다. 미국과 중국의 힘의 경쟁에서 냉전시기 미국과 구소련의 경쟁과 일정부분 유사성을 발견할 수 있다.

1965년부터 1990년 사이와 2010년부터 군비경쟁의 추이가 유사성을 보인다. 군비경쟁 기간이 20~40년 이상이라는 점이다. 중국이 구소련 붕괴 이후 경쟁 관계는 30년이 넘었으며, 일본의 GDP를 추월한 2010년부터 군사력이 급격히 증가한 시기로부터는 10년이 넘는 장기간의 군비경쟁이다. 앞으로도 미·중 군비경쟁은 20~30년 이상은 더 지속될 것이지만, 구소련의 급진적인 군비증강이 아니라 중국은 점진적이고 완만한 증강으로 장기간에 걸쳐 국가의 위험관리(risk management)를 하며 국가 목표 달성을 추구할 것으로 전망된다.

결국 중국이 '세계일류군대' 달성을 목표로 하는 시기에 세계패권 확보는 어려우며 미국과 대등한 수준에서 힘의 균형을 확보할 것으로 전망된다. 양국이 서로를 견제하며 어느 한쪽을 제압할 수 없는 국제 안보환경에 놓일 가능성이 높다. 따라서 패권국가가 없는 국제질서에서 힘의 우위를 확보하기 위한 외적요소인 협력과 동맹 등 우군 확보는 더욱 중요한 요소가 될 것이다.

미국은 한국, 일본 등 다양한 국가와 동맹 강화, 그리고 QUAD와 같은 새로운 힘의 협력체 구성 등에 집중할 것이고, 현재 영국, 프랑스, 독일 등 EU, NOTO 국가들의 인도-태평양 진출은 이를 증명하는 사례일 것이다.[256] 중국 또한 러시아, 북한을 포함한 아시아, 중동, 아프리카 등 국가와의 협력을 더욱 확대하고 강화할 것이다. 그 예로 '일대일로' 전략에서 추진되는 약 1조 4,000억 달러, 900개 프로젝트는 마샬플랜 12개를 추진할 수 있는 비용이다. 중국의 거대한 시장과 구매력은 세계를 중국의 경제 시스템으로 흡수하고 있다.[257]

가. 미국과 중국의 해양 패권경쟁

해군력 변화에서 대륙국가에서 해양국가로 변모하고 있는 중국의 도전도 만만치는 않다.

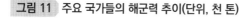
그림 11 주요 국가들의 해군력 추이(단위, 천 톤)

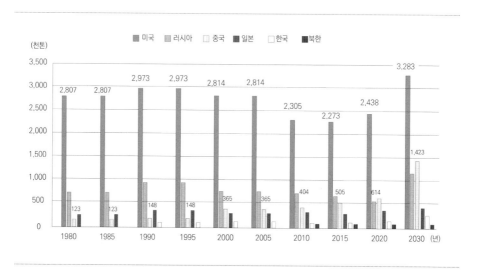

중국의 해군력은 러시아를 뛰어넘어 세계 제2위 수준으로 증강되었지만, 미국의 해군력에 비하면 2020년에 1/4 수준, 2030년에는 약 1/2 수준(44%)까지 간격을 좁히는 것으로 분석되었다. 이 수치는 1,500톤급 이상의 전투함을 기준으로 하였으며, 2020년 전체 함정 척수에서는 미국 273척, 중국 333척을 고려한다면 중국의 해군력은 더 높은 수준까지 도달할 것으로 예상된다. 그러나 중국의 해군력은 2030년대에 미국의 해군력을 추월하지는 못하며, 세계 해양패권 확보도 제한될 것으로 전망된다.

중국의 해군력이 현 증강추세를 유지한다면 2050년경에는 미국의 해군력과 유사한 수준을 보유할 것이며, 함정 전체 척수에서는 2015년에 미국을 추월하였고, 1,500톤급 이상 전투함의 수도 2030년에 미국을 추월할 것으로 전망된다. 비록 중국이 세계 해양패권을 확보하지는 못하지만, 중국 대륙을 중심으로 하는 동남중국해와 서태평양 해역에서의 해군력 경쟁은 미국이 우세하다고 장담하기는 어려우며, 비록 해군력의 크기에서는 미국이 크게 앞서지만, 척수에서는 그 반대이다. 따라서 해양에서 경쟁과 갈등은 복잡한 양상으로 전개될 것이다.

1) 미국과 중국의 해양력 마찰

과거 미국과 중국의 큰 차이점은 해양국가와 대륙국가라는 점이었다. 하지만, 중국이 1980년대부터 해양굴기를 추구하며 40년을 넘게 해양국가로 변신을 추구하고 있다. 중국은 도약적 해군력 건설, 양적 우위 확보로 질적 열세 만회, 대함탄도미사일 등을 이용한 A2AD체계 강화로 미국의 개입을 차단하고 대륙에 대한 해양안보(maritime security)를 확고히 하고 있다. 이에 대응하는 미국은 유무인 함정의 규모를 증가시켜 양적 불리함 해소, 기술력에 기반한 압도적 질적 우위 유지, 신 작전 개념 발전, 다국적군의 해양 연합체 결성으로 힘을 규합하여 해양패권을 유지한다는 전략이다.[258]

중국의 해양굴기는 항공모함의 전력화가 이루어진 2012년이 실질적인 해양강국으로 전환된 시점이었다고 할 수 있다. 비록 구소련이 건조하다가 중단된 항공모함을 구입하여 2002년부터 10년 동안의 재건조를 한 것이지만, 이후 2번함부터는 자체 설계 및 건조하고 있으며, 4번함부터는 대형항공모함으로 원자력 추진체계가될 것이라 예측하고 있다. 그리고 대형 상륙헬기모함(LHA)도 건조 중이며, 이 함정에는 전투기 운용이 가능한 이착륙장치를 설치하는 것으로 평가하고 있다. 중국의 항공모함과 헬기모함은 미국이 해양패권의 상징으로 국가이익 보호와 전략을 수행하고 있는 항모강습단(carrier strike group)과 상륙강습단(amphibious strike group)과 같은 역할과 임무를 수행할 것으로 전망된다. 그리고 항모 및 상륙 강습단을 구성하기 위하여 원자력추진 공격잠수함과 이지스형 구축함, 대형 군수지원함 등 다양한 목적의 함정도 충분히 확보할 계획이다.

중국의 변화에 대비한 미국은 해양패권국으로 위상과 해양통제권을 확보, 유지하기 위해 ① 함대전력을 태평양으로 큰 규모로 전환(6척의 항공모함 지속성 유지와 잠수함 전력의 60%를 배치), ② 태평양에 능력 있는 인력과 신형 함정, 항공기 배치, ③ 현행 훈련, 작전, 연습의 발전과 인도-태평양지역 동맹과 협력 유지 및 강화, ④ 계획된 해군력의 증가, ⑤ 신형 함정, 항공기, 무인기, 무기 획득과 군사기술의 개발 가속화, ⑥ 중국 A2AD 대응 해군, 해병대 작전개념 개발, ⑦ 분산된 함대구조로의 변화 등 인도-태평양 전략을 펼치고 있다.[259]

그리고 해양력의 운용과 사용 능력에서 미국이 당연히 경험적 우위에 있다. 미국은 70년이 넘는 해양패권을 유지하며 다양한 경험을 보유한 반면, 중국은 한 번도 전쟁이나 위기 상황에서 해양통제권, 해양우세 등 해군력의 전략적 활용과 사용에는 경험이 다소 부족하고 미숙할 수 있다. 비록 중국이 미국의 과거 행동을 모방하며 시행착오를 줄일 것으로 전망되나, 국가의 전략과 능숙한 해군력의 운용에는 경험과 숙달된 기술이 필요하며, 특히 국가의지를 행동으로 전환하는 작전적 운용은 또 다른 문제이자 시련이며, 많은 시간이 요구될 수도 있을 것이다.

과거 구소련의 해군력이 세계 2위의 해군력임에도 그 유용성을 충분히 발휘하지 못한 것은 국가적 리더십과 전략적 허약성을 보여준 대표적 사례일 것이다. 민주주의 국가 리더십과 공산주의 국가 리더십이 해군력의 이점을 전략적으로 운용하는 관점의 차이는 해군력을 이용한 국가이익 수호 활동에서 다양하고 새로운 갈등과 마찰의 소지를 내포하고 있다.

2) 항모 및 상륙 강습단 운용 전망

해군력을 국가전략이나 작전목표 등 다양한 목적을 위해 어떻게 운용할 것인지 고심하며 해군력을 건설해 왔다. 목적과 임무에 따라 단일함에서 대규모 전투단을 구성하여 군사활동이나 행동을 하였으며, 대부분의 국가는 단위함(battle ship)에서 일정 규모의 전투단(battle group)을 형성 임무를 수행하고 있다.

특히, 미국은 대규모의 전투함과 잠수함, 전투기, 상륙부대 등 입체적 전력으로 구성된 항모강습단(carrier strike group)이나 상륙강습단(amphious strike group)을 중심으로 군사활동을 하고 있으며 미국의 힘을 대표한다고 할 수 있다. 그만큼 다양한 목적과 임무 수행이 가능하며 한 국가와 전쟁까지도 수행할 수 있는 능력을 보유하고 있으며, 2020년 기준으로 미국은 항모강습단과 상륙강습단을 각각 11개씩을 구성할 수 있는 수준이다.

중국도 2020년 기준으로 2척의 항모강습단을 구성하여 동남중국해에서 활동하고 있으며, 이후 건조 항공모함은 미국과 유사한 형태로 대형화되고 있다. 그리고 헬기모함 076급(LHA급)은 40,000만 톤급으로 경항공모함 수준으로 항공기를 탑재하여 상륙강습단으로 운용될 것으로 전망된다. 2021년 1번함이 취역하고 2, 3번함이 진수되었다. 항모와 협동작전을 하는 잠수함, 전투함 등도 서방의 무기체계와 구분하기가 어려울 정도로 유사하고, 성능면에서도 거의 대등하다는 평가다.[260]

표 25 2030년경 미국과 중국 항모 및 상륙강습단 구성 전력 비교

구분	미국	중국	비고
항공모함	9~12	5~7	+2~+7
순양함/구축함	63~104	52~60	+3~+52
공격잠수함	66~72	10~14	+52~+62
헬기모함(LHA)	8~12	4	+4~+8

출처 : Ronald O'Rourke, "Navy Force Structure and Shipbuilding Plans: Background and Issues for Congress," RL32665 (21 Jun 2021), p.11. "China Naval Modernization: Implications for U.S. Navy Capabilities—Background and Issues for Congress," RL33153 (July 1, 2021), pp.9~10. ODNI, "2021 Annual Threat Assessment of the U.S. Intelligence Community."

해군전력의 핵심인 항모 및 상륙강습전단의 운용 전망을 살펴보면, 미국에서 제시한 미래 해군전력을 기준으로 2030년경 미국은 항모강습단 9~12개와 상륙강 습단 8~12개로 전체 17~24개의 강습단 운용이 가능할 것으로 전망된다. 반면, 중 국은 항공모함 5~7척, 헬기모함 4척으로 총 9~11개의 강습단을 구성할 수 있으며, 강습단을 구성하는 순양함 및 구축함 50척 이상, 원자력추진 공 격잠수함 10~13척 등 항모 및 상륙강 습단 구성에는 문제가 없을 것으로 보 인다. 전체 강습단의 수에서 중국이 미 국의 약 1/2 수준이다.

미국과 중국 항공모함비교
(사진: Naval News, '21.11.10.)

하지만 활동영역에서 보면 미국은 전 세계를 대상으로 전력이 운용되며, 인도-태평양, 중동-아프리카, 유럽 및 대서 양, 지중해 등에 1~3개의 강습단이 분산되어 운용되고 있다. 2019년과 2020년에 미해군은 남중국해와 태평양에 중국 견제를 위하여 2개의 항모강습단과 1개의 상 륙강습단, 총 3개의 강습단을 집결한 사례가 있으며, 1996년 3차 대만해협 위기에 는 페르시아만의 항공모함을 이동시켜 2개의 항모강습단과 1개 상륙강습단을 집결 하여 중국을 압박하였다. 그리고 1991년 걸프전에서는 4개 항모강습단과 1~2개 상 륙강습단 등 5개 강습단을 전개하여 전쟁을 수행하였다. 결국 미국은 최대 6개 강습 단, 평시 최대 1~3개의 강습단을 운영하였다.[261]

중국의 강습단은 대륙을 중심으로 운영하여 함정 가동률이 높아 약 6~7개 강 습단 운용이 가능할 것으로 추정된다. 강습단의 전체 수에서 미국이 많고 능력도 우 수한 것으로 평가되나, 인도-태평양 해역을 중심으로 운용 가능한 강습단의 수는 중국이 2배 이상 많을 개연성이 높다.[262] 전쟁이나 전투에서는 수적 우세가 강점이 더 많다고 할 수는 없지만, 평시나 위기 시 장기간 또는 연속된 국가전략과 임무 수 행, 분리된 여러 지역이나 장소에서의 다양한 군사활동 등을 고려한다면 많은 이점 이 있을 것이다. 수적 이점은 상대에게 지속적인 소모전을 강요하고 피로도를 증가시키며, 적시적인 전력의 배치와 운용, 장소의 선점과 주도권 확보 등에서도 강점을 가질 수 있다.

실제로 미해군이 전 세계를 대상으로 장기간 해양에서 임무를 수행하며 나타난 문제점도 많다는 지적이다. 오랜 기간 중동에서 테러와의 전쟁을 수행하며 지상 항공력의 1/3을 항모강습단에서 제공하며, 미해군의 해양통제작전에 대한 전비태세가 지속적으로 약화되었다. 그 결과 2013년 전방전개 항모강습단 비율이 22~25% 수준에서 2018년 평균 15%로 감소하였고, 이는 구소련 붕괴 이후 25년 동안 최저 수준으로 평가된다. 그리고 2017년 7함대 이지스 전투함 4척이 심각한 항해 안전사고가 발생하였고, 그 이유가 바쁜 임무수행(연간 67% 전방전개)으로 훈련과 교육 부족을 첫 번째 원인으로 분석되어 미해군에 큰 충격을 주기도 하였다.[263]

3) 해군력의 수적 비교

해군의 전체적인 성능과 능력, 크기 면에서는 미국이 우월하다는 것은 이미 평가되었다. 그러나 전투함의 척수에서 2015년경 중국이 미국을 추월하였다. 기뢰전함 등 소형 전투함이 모두 포함된 척수이지만, 소형함정을 제외한 상륙함, 연안초계함 등 1,500톤급 이상의 전투함에서도 2020년 중국이 약 240척으로 미국의 전투함의 수보다 많다.[264]

표 26 미래 미국과 중국의 전투함 비교

구 분	미국 (미래 해군건조계획)	중국 (2030년 전망)	비고
SLBM	12	8	+4
SSN	66+	13	+53
SS	–	55	−55
CV(L)	9~12	5~7	+2~+7
대형전투함(CG/DDG)	63~104	60	+3~+44
소형전투함(FFG/LCS)	40~52	135	−95~−83

상륙함(LHA, LHD, LPD)	38+	18	+20
합계	228~284	294~296	−66~−12

출처 : 미국은 미해군 355척 목표와 바이든 정부의 건조계획을 기준으로 작성. 중국은 "Numbers of Chinese and U.S. Navy Battle Force Ships, 2000-2030 Figures for Chinese ships taken from ONI information paper of February 2020," p.10. Ronald O'Rourke, "Future Force Structure Requirements for the United States Navy," (June 4, 2020), pp.10~11.

향후 2030년 이후에도 전투함정의 전체 척수는 중국이 12~66척이 더 많고, 구축함급 이상의 대형 전투함 수에서는 미국이 우위를 유지할 것으로 예측된다. 그리고 함정의 건조 능력을 살펴보면 중국은 2005~2019년에 119척의 전투함이 순증가 하였고, 이 중 2009년에 유도탄고속함 35척을 확보하며 과거 구형 유도탄고속함을 퇴역시켰다. 2013년부터는 호위함 칭다오(Jingdao, 056급, 1,500톤)급을 연간 7척씩 건조하여 2020년에 50척 이상이 작전에 투입되었다. 2030년까지는 항공모함, 구축함, 잠수함, 호위함 등 다양함 함정 확보로 2025년 400척, 2030년에는 425척의 함을 보유할 것으로 전망되며, 중국의 엄청난 함정 건조 능력을 보여주고 있다.

중국의 다수 함정은 항모 및 상륙강습단을 구성하는 전력으로 운용되고, 순양함, 구축함, 그리고 호위함 등은 임무에 따라 다양한 수상전투단(battle group)을 구성할 수 있다. 페르시아만, 인도-태평양, 북극해 등 '일대일로' 전략 추진과 중국의 국가이익 보호를 위해 세계 곳곳에서 군사활동을 펼칠 것이다. 그리고 중국의 대규모 어선단들의 불법 어로활동, 대규모 민병대 어선들의 회색전술(gray tactics) 등과 연계되어 세계 곳곳에서 다양한 이슈(issues)를 야기하며, 미국에게는 감당하기 어렵고 성가신 문제일 것이다. 세계 패권국으로서 다수 국가와 동맹 및 협력을 유지하고 있는 미국이 수많은 협력과 도움 요청을 거부하기도 어렵고 일일이 대응하는 것도 한계에 봉착할 가능성도 있으며, 결국 미국의 레드라인(red line)을 넘지 않는 이상 중국의 행동을 묵과할 가능성도 배제 할 수 없다.

하지만, 수중 능력에서 양국의 잠수함 척수는 유사할 것으로 보이나, 핵추진공격잠수함(SSN)의 경우 미국이 능력이나 척수에서 중국을 압도할 것이다. 미국은 잠수함 전력을 이용하여 중국의 전략 및 수적 이점을 견제하고 압박하는데 최대한 활용할 수 있을 것이다.

나. 지역 패권경쟁

중국이 2030년 전후로 상당한 수준의 군사력을 확보하더라도 세계를 무대로 미국과 패권경쟁에서 승리할 가능성은 낮은 것으로 보았다. 하지만 중국의 힘이 대륙을 중심으로 발휘되는 상황에서는 전체 군사력뿐만 아니라 해군력에서도 만만치 않은 수준을 유지하는 것을 앞에서 살펴보았다. 그러면 아시아에서 패권은 어떻게 될 것인가? 중국이 세계를 무대로 그 영역을 지속적 확대해 나가고, 일정 지역에서 주도권을 가지고 충분한 영향력을 가질 것으로 미국도 예상하고 있다.[265]

미국이 인도-태평양전략에 따라 군사력의 60% 배치를 가정하여 양국의 군사력을 비교하여 보면([표 27]), 미국이 2020년도는 18%, 2030년도에는 13%가 열세한 것으로, 해군력에서는 2030년 미국이 우위에 있으나, 전투함 척수에서는 중국이 약 100척 이상 양적으로 많을 것으로 예측된다. 인도-태평양에서 수치상으로는 양국의 군사력과 해군력이 우세와 열세가 교차하며 힘의 균형이 유지된다고 할 수 있다. 따라서 아시아-태평양지역에서 양국 모두가 압도적 수준의 군사력을 확보하지 못하고, 양대 강대국(Bi-Polar) 존재하는 안보환경으로 전환될 가능성이 높다.

표 27 미국 인도-태평양 군사력과 중국의 군사력 비교

구분		2020년	비교 (미국-중국)	2030년	비고 (미국-중국)
미국	군사력비	92%	+18%	91%	+13%
	해군력비	97%	+47%	95%	+40%
	전투함(척)	188	+47척	248	-24척
미국 (60%)	군사력비	56%	-18%	55%	-23%
	해군력비	59%	+9%	57%	+2%
	전투함(척)	113	-28척	149	-123척
중국	군사력비	74%		78%	
	해군력비	50%		55%	
	전투함(척)	141		272	

미육군은 향후 30년 동안 중국이 글로벌 군사력을 가진 미국과 직접적으로 경쟁하지 않을 것이고, 미국이 세계의 자원과 시장 등 통상을 보호하고 있는 한 중국의 군사력은 아시아에 집중할 것으로 예상하고 있다. 아시아 국가들(한국, 일본, 대만 등)이 중국의 군사력 증강을 감쇄하는 노력을 한다고 해도 미국의 군사력은 더 광범위하게 분산될 가능성이 높아 결국 미국과 중국의 군사력은 동등해질 가능성을 전망하고 있다. 그리고 현재는 미국이 인도-태평양지역을 직접방어(direct defense)하고 있지만, 남중국해(최소한의 도전), 한국(보통의 도전), 대만(보통-높은 도전) 등에서 발생하는 다양한 도전에 중국이 배치한 다수의 탄도미사일 등 반접근체계(anti-access systems)로 인해 중국 주변에서 미국의 이익을 직접방어하는 것을 더욱 어렵게 만들 것이라 전망하고 있다.[266]

그리고 양국이 힘의 균형을 유지하는 환경에서도 3가지 핵심 비대칭(asymmetries), 거리(distance), 시간(time), 이익(stakes) 측면에서도 미국이 불리하다.[267] 중국과 다양한 이해충돌이 발생하는 대만해협, 동남중국해, 동북아시아 지역 등은 미국으로부터 수백, 수천 마일 떨어진 거리이고, 장기간에 걸친 분쟁은 미국에게 더 크고 많은 시련이 존재하며, 미국 본토와 원거리 이격된 상태에서 힘의 운용을 위해서 해양이나 동맹국 또는 협력국을 모기지로 활용해야 한다. 미국이 중국을 견제하거나 억제하기 위해서는 아시아 국가들의 협력과 협조는 절대적이다. 그리고 중국 인근에서 발생하는 이해충돌은 미국보다 중국에게 더 사활적이며, 미국은 더 큰 글로벌 이해관계를 위험에 빠뜨릴 만큼 중요하게 느끼지 않을 수도 있다. 이러한 상황은 아시아 국가들의 이익손실과 미국의 힘에 대한 의구심 증가와 신뢰성의 약화로 이어질 수 있을 것이다.

따라서 두 강대국이 존재하는 아시아 국가들은 자국의 생존과 안전, 국가이익을 보호하기 위하여 자국의 힘을 끊임없이 증가시키며, 동맹, 협력, 편승 등 다양한 국가행동을 선택하거나 강요받는 상황에 놓일 수 있을 것이다. 일부 전문가들은 아시아에서 중국이 패권을 추진하는 과정에서 힘이 더욱 강화되고, 중국의 공격적 행동이 잦아질수록 역내 많은 국가들이 지역 안보동맹에 더 매력을 느낄 것이라 보는 측면도 있다. 그러나 우려스러운 점은 중국의 무력에 대한 두려움과 불안감 등으로 예측 불가한 안보환경이 된다면 동맹과 협력의 약화로 이어져 한국, 일본 등이 자국

생존을 위한 핵무기 보유 정책을 추진하며 통제 불가능한 환경으로 전환될 수도 있다고 전망하기도 한다.[268]

결국 미국이 완전한 힘의 지배를 이루지 못하는 아시아에서 중국이 레드라인을 넘지않는 지역패권을 인정하며 견제 및 억제하는 전략에 집중하며, 힘의 정면충돌을 방지하고 위험관리를 하며 묵시적 합의로 중국을 지역패권으로 인정하는 상황도 고려될 수 있다. 예로 과거 오바마 정부 시절 중국의 남중국해 인공섬 건설 등 공세적 정책을 저지하지 못하고, 중국의 해양정책을 용인하였다는 사실을 아시아 국가들은 경험하였다.[269]

② 냉전시기와 유사한 양대 세력권의 대립

양대 세력권의 대립이란 현실주의자들이 주장하는 동맹을 통하여 국가의 힘을 강화하는 외적 노력으로 국가군을 형성하여 상대에 대응하는 경우일 것이다. 이 경우 위협의 정도, 동맹국의 외교, 경제, 군사적 협력관계 등 많은 요소가 동맹의 결속력(alliance cohesion)에 영향을 줄 것이며, 결속력의 수준에 따라 세력군의 힘의 강도와 대립의 양상도 달라질 것이다.

냉전시기 미국 중심의 민주진영과 구소련 중심의 공산진영 간에 끊임없는 힘의 대립과 경쟁을 벌이며, 구소련이 붕괴될 때까지 계속되었다. 구소련이 붕괴되고 반민주국가 규합을 위한 공산권 국제 리더십이 부재하던 시기가 지나, 2000년대 중국이 부상하며 새로운 세력 연대 가능성이 증대하고 있다. 이 시기의 힘의 연대는 동맹에 아닌 이데올로기적 이념에 기초한 협력 수준이었다.

과거 냉전시기 이데올리기적 대립이 아닌 새로운 개념의 힘의 연대 가능성으로 중국-러시아-북한 벨트와 미국-한국-일본 벨트 간의 힘의 대립 가능성이다. 아직은 명확한 형태나 결속력을 가지고 연대하는 행동들은 보이지 않지만, 바이든정부에서 중국과 러시아, 북한, 이란을 새로운 위협으로 명시하며 서방을 중심으로 중국 견제를 강화하고, 시진핑과 푸틴은 전략적 관계 강화와 군사적 협력도 증대하고 있어 새로운 냉전의 구도를 예견하는 전문가들도 많아지고 있다.

하지만 힘의 연대에 대한 비관적인 측면도 많다. 중국과 러시아가 전략적 협력을 말하고 있지만, 양국은 역사적으로 긴 국경을 맞대고 과거 이익충돌의 경험과 유럽과 동양의 문화적 차이 등 내면적 뿌리 깊은 불신과 갈등이 자리잡고 있는 것도 사실이다. 그리고 중국 및 러시아와 북한과의 관계도 핵 및 WMD 무기 등 국제사회와 연계된 국가의 이익에서 협력과 갈등이 상존하고 있다.

또한 미국, 일본, 한국도 한미 또는 미일 동맹은 갈등 속에서도 신뢰와 지속성을 유지하고 있지만, 한국과 일본의 관계는 오랜 역사적 충돌 경험과 국가 간의 깊은 감정의 골, 국가이익 갈등 등 첨예한 걸림돌로 대립하고 있으며 출구도 찾기 어려운 현실이다. 따라서 당장 강력한 동맹이나 협력의 결속력을 가진 세력권 형성이 쉽지 않을 것으로 전망되기도 한다.

이러한 미국과 중국을 중심으로 양대 세력권 형성을 단정할 수는 없지만, 국제 안보환경이 국가 생존에 선택을 요구하는 현실에 직면한다면 오랜 역사적 사례가 증명하여 주듯 힘의 협력이나 동맹이 불가피할 수밖에 없을 것이다. 세력균형을 위한 국가 간에 다양한 경우로 힘의 협력을 할 수 있을 것이다. 미국 중심의 민주 진영과 중국 중심의 러시아, 북한의 협력을 가정한 군사력 협력의 세력권을 비교하여 보면 [그림 12]와 같다.

그림 12 미국·일본·한국 vs. 중국·러시아·북한의 군사력 변화(단위, %)

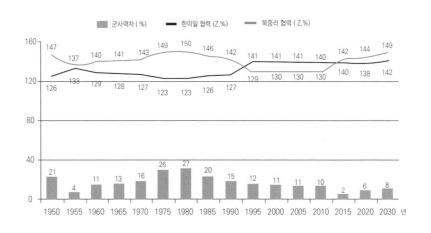

미국 진영의 군사력이 1990년대부터 2010년까지 우세한 군사력을 유지하였으나, 2015년 이후부터 힘이 역전되어 중국 진영의 힘이 우세할 것으로 전망된다. 양대 세력 간에 격차는 2030년대에 8% 이내의 대등한 수준이 될 것으로 보인다. 양대 세력의 협력은 팽팽한 균형을 유지한 냉전시기와 유사한 상황이 될 수도 있을 것이다.

과거 냉전시기 동안 강대국 간의 직접적인 충돌보다 양대세력의 힘이 대립하는 접점에서 한국전쟁, 대만해협갈등, 베트남전쟁 등과 같은 대리전이나 지역 갈등 형태와 유사한 힘의 대립 가능성이다. 강대국의 직접 충돌로 인한 위험(risk)을 줄이고, 작고 소규모의 갈등, 분쟁 등의 갈등이 많아 질 가능성도 배제할 수는 없을 것이다.

2020년 말 중국이 선포한 국방법은 공산당의 전쟁 개시 정당성을 부여하고, 국가이익과 발전이익에 피해가 발생할 때 무력수단을 사용할 수 있도록 했다. 그리고 해경법 발효도 타국의 정부 선박까지도 단속과 무기사용에 대한 정당성을 제공하고 있어 이해충돌로 인한 무력 충돌의 가능성이 증가하였다.

소결론

미국은 아프가니스탄에서 20년 만에 철수하며 아프가니스탄을 포기했다. 미국은 20년 동안 아프가니스탄 군대를 무장시키고 교육하고 체제를 구축하였다. 국가의 생존과 안전은 그 국가의 국민이 책임져야 한다. 냉혹한 국제현실에서 국가는 끝까지 생명력을 유지하기 위하여 투쟁하는 생물처럼 행동해야 한다. 개인의 생존과 같이 국가의 생존도 힘에 의존해야 한다. 힘이라는 것은 국민의 의지, 경제력, 국제 간의 공조 등 다양한 유형이 있다.

하지만 국가 힘의 원천은 국가의 생존이나 안전을 위협하거나 강제하려는 행위에 대하여 그 행위를 억제, 통제, 제거할 수 있는 능력이다. 국가가 어떠한 상황에서도 보유해야 하는 것이 물리적 힘, 군사력이다. 군사력은 험난한 국제질서에서 국가 생존의 원천으로 다양한 국가행동의 선택적 융통성을 제공한다는 것을 역사적 교훈에서 많이 보았다.

미래 미국은 세계패권을 유지할 것이다. 하지만 중국의 힘은 강화될 것이고 미국은 성가신 도전자의 존재를 인정하고 있다. 미국은 경쟁자인 중국이 국제질서 변경을 용인할 의사가 없으며, 중국도 국가의 사활적 이익에 조금도 물러설 의사가 없고, 2035년 군현대화 완성과 2050년대 건국 100주년, '세계일류군대' 건설이 목표다.

미국은 이제 테러와의 전쟁을 끝내고 다시 전통적 위협에 대응하기 위해 전력의 재배치와 군사력 건설을 추진하고 있으나, 이러한 전환과 힘의 증강에 다소 시간이 필요하게 되었다. 미국이 전열을 재정비하고 본격적인 경쟁에 돌입하는 상황에서 더 많은 힘의 마찰과 갈등 발생 가능성이 상존하고, 두 강대국으로부터 동북아시아 국가는 더 많은 요구와 선택을 강요받게 될 것이다.

한국의 현 상대적 군사력 수준은 북한을 물론이며 일본과도 균형을 유지할 수 있는 수준으로 판단된다. 안보환경적 측면에서 과거 미국이 패권을 유지하는 상황에서 지역패권을 중국과 경쟁하는 안보환경으로 변화가 전망된다. 과거 북한만을 위협으로 대응하는 시기는 지나갔다. 힘의 협력과 연대는 생존을 위한 필수조건이 되었으며, 미국 힘의 이탈이나 고립정책은 지역의 심각한 힘의 불균형 상태를 유발하여 위험한 환경으로 변경될 가능성도 있다. 국제사회의 불신과 불확실성, 오산(miscalculation)과 오판의 위험성(risk)을 줄이기 위하여 끊임없이 국가는 행동해야 한다.

그리고 인도-태평양지역에서 힘의 갈등은 해양을 통하여 발생할 개연성이 더 높아지고 있고, 과거 해양력으로 힘의 균형을 유지하고 국가 생존과 자강을 유지한 역사적 사례도 많다. 앞으로 새로운 강대국 중국의 부상과 힘의 대립은 상수가 되어 간다. 과거 냉전시기 미국과 소련이 힘의 균형 상태에서 끊임없이 군비경쟁을 하며 대립과 갈등이 표출되었듯이, 이제 미국과 중국의 군비경쟁에서 새로운 대립과 갈등이 발생하고 있고 그 지역이 아태지역이며 한국은 그 지역의 어려운 위치에 있다.

제 VII장

결 론

이 책은 국제체제에서 국가의 '힘'이란 무엇이며, 군사력과는 어떤 관계가 있는지에 대한 의문에서 출발했다. 현실주의에서 힘이란 무정부상태의 국제체제에서 국가는 생존을 위하여 추구하는 정의라 주장하며, 그 힘을 모겐소는 '인간을 통제하는 힘', '다른 국가의 행동을 지배하는 능력' 등 개념적으로 표현한다.

그리고 힘의 종류도 추구하는 목적에 따라 정치, 경제, 사회, 문화 등 다양한 개념으로 표현되고, 힘의 추구 방법 극대화냐 적정 수준이냐에 대해서도 다양한 주장이 제기되고 있다. 군사력은 평화를 유지하거나 전쟁을 수행하는 실질적인 힘으로서 국가 힘의 핵심이다.

세력균형이론은 무정부상태의 국제체제에서 힘의 균형을 통하여 국가 생존과 안전이 유지된다고 본다. 하지만 그 힘을 정의하고 측정하기 어렵기 때문에 추상적이고 모호한 개념이라 비판받아 왔다. 월츠 자신도 세력균형이 두렵고 혼란스러운 용어라고 보았다. 이러한 비판에 대하여 세력균형이론이 힘을 바탕으로 하는 적실성 있는 이론이며, 추상적이지 않다는 것을 검증하기 위해 역사적 경험 사례를 중심으로 과학적 방법을 적용하여 살펴보았다.

그 결과 세력균형이론이 과거 역사적 경험 사례에서나 현재에도 적실성이 있는 이론임을 이해하였다. 군사력의 균형범위가 국가 간 또는 국가군에서 균형과 불균형에서 어떻게 작용하고, 힘의 추구 방법으로 자조와 협력이 국제체제에서 어떻게 나타났는지, 제1, 2차 세계대전과 냉전시기, 2020년대까지 다양한 시기를 살펴보았다.

국제환경에 국가 간의 불균형과 협력체제의 불균형이 동시에 발생하는 경우가 가장 위험한 상태이고, 대륙국가 간의 군사력 불균형이 해양국가 간의 불균형보다 더 위험하다. 제1, 2차 세계대전은 국가 그리고 국가군 간의 군사력 불균형 상태가 동시에 발생하는 시기에 전쟁이 발생하였고, 냉전시기에 국가 또는 국가군 간의 군사력의 균형상태에서 안정과 평화가 유지되었다는 특징을 발견할 수 있었다.

독일은 양차 대전 이전에 두 번에 걸쳐 최대 강대국으로 부상하며 국제환경에서 힘의 분포를 변화시켰다. 과대한 군사력의 증강, 협력과 동맹 등 국가행동은 국제환경과 힘의 분포에 불안정성을 불러일으키며, 국가가 끊임없는 선택과 행동을 하도록 만들었다. 힘의 증강만이 능사가 아니며 그렇다고 협력에 의존하는 생존 또한 안정을 담보할 수 없다. 자강, 협력과 배신으로 국가이익을 얻기도 하고 패망하기도 하였다.

그리고 대륙국가와 해양국가 간 관계를 설명할 때 바다의 차단력은 역사적으로 충분한 이점을 가지고 해군력 우위로 불균형을 해소하고, 국가생존 강화와 국가이익을 얻을 수도 있었다. 하지만 소련이 25년이라는 장기간의 군사력 증강에도 불구하고 미국의 해군력 우위를 극복하지 못하였지만, 중국은 40년 동안 해군력 건설을 통하여 일본과 러시아 해군력을 추월하기도 하였다. 이처럼 해군력의 증강이 얼마나 긴 시간과 노력, 의지가 필요한지도 보여주었다.

세력균형이론을 통하여 국제환경에서 힘의 균형과 불균형, 평화와 전쟁, 그리고 국가는 생존을 위한 군사력 증강을 위해 내부적 자구의 노력과 외부적으로 협력에 집중하며, 이러한 국가행동에서 균형 또는 불균형이 발생한다는 것도 확인할 수 있었다. 양국이 특별한 이유 없이 군사력을 감소한 경우는 거의 없었다.

이러한 역사적 사례를 통하여 세력균형의 적실성을 이해하고, 군사력의 균형은 범위로 존재함으로써 국가들에게는 불확실성과 불안정성을 증대시키는 요인으로 국가행동을 더 어렵게 만든다는 것도 알 수 있었다.

동북아시아는 냉전시기 이후 중국의 급격한 경제성장과 군사력의 증강으로 힘의 변화가 발생되고 있다. 2030년대 중국의 힘이 미국의 우위에 있을 것 같지는 않으나, 현 추세가 지속되면 2050년대에는 미국과 대등한 수준의 군사력이 전망되기도 한다. 비록 2050년까지는 먼 미래로 다양한 불확실성으로 힘의 분포가 어떻게 될지는 정확히 예측은 불가하다. 하지만 확실한 것은 미국이 중국의 힘이 부담스럽고 과거 소련과 같이 군비경쟁을 해야 하는 어려운 현실이라는 것이다.

이러한 현실은 미국이 동맹 및 협력국들에게 더 많은 역할 분담과 요구를 할 것이며, 협력국은 지역적, 국지적 국가이익의 보호를 위하여 협력 범위에 대한 이해와 마찰, 갈등은 더 많아지고 고심도 커질 것이다. 그리고 동북아시아에서 자국의 군사력만으로 균형을 유지하기에 한계를 가진 한국과 일본의 현실은 만만하지 않다.

특히 상대적으로 낮은 수준의 군사력을 보유한 한국은 북한이라는 직접적 위협을 마주하면서도 불안정한 동북아시아 국제환경의 변화에 대응해야 하는 절박한 상황에 놓여 있다. 그리고 미국, 중국, 일본, 한국의 사활적 국가이익이 해양 영역이라는 공통점을 가지고 있다.

참고문헌

1. 단행본
가. 영문

Australian War Memorial. *Australia in the War of 1939-1945.* 1952.

Betts, Richard K. *Conflict After The Cold War: Argument on causes of war and peace.* New York: PEARSON Longman, 2008.

Conway. *Conway's All the World's Fighting Ships, 1860-1905.* Maryland: Conway Maritime Press, 1979.

_____. *Conway's All the World's Fighting Ships, 1906-1921.* Maryland: Conway Maritime Press, 1980.

_____. *Conway's All the World's Fighting Ships, 1922-1946.* Maryland: Conway Maritime Press, 1980.

_____. *Conway's All the World's Fighting Ships, 1947-1995.* Maryland: Conway Maritime Press, 1996.

Cordesman, Anthony H. *The Korea Military Balance: Comparative Korean forces and The Forces of Key Neighboring Sates.* CSIS: Center For Strategic & International Studies, 2011.

Cutsforth, Jennifer L. *Quest For Empire: The United States VersusGermany(1891-1910).* Illinois Wesleyan University, 1995.

Danilovic, Vesna. *When the States Are High: Deterrence and Conflict among Major Power.* Michigan: the University of Michigan Press, 2002.

G. Casella and R. L. Berger. *Statistical Inference.* 2nd ed. Duxbury: 2002.

Gray, Colin S. *WAR and INTERNATIONAL RELATIONS: An Introduction to Strategic*

History. New York: Routledge, 2007.

IISS. *The Military Balance 1989~1999, 1999~2000, 2010~2021.*

____. *ASIA-PACIFIC Regional Security Asseeement 2021,* UK. 2021.

Kennedy, Paul. *The Rise and Fall of the Great Power*. New York: Vintage Book, A division of Random House, 1989.

Kim, Duk-Ki. *Naval Strategy in the Northeast Asia: Geo-Strategic Goals, Policies and Prospects*. London: Frank Class, 2000.

Mahan, Alfred T. *The Influence of Sea Power Upon History, 1660-1783.*(1987). The Original Classic Edition. Australia: Emereo Pty Limited, 2012.

Mearsheimer, John J. *The Tragedy of Great Power Politics*. New York: W. W. Norton & Company, 2001.

Megargee, Geoffery P. *THE ARMY BEFORE LAST; British Military Policy, 1919-1939 and its Relevance for the U.S. Army Today*. Santa Monica: Rand, 2000.

MOD. *2020 DEFENSE OF JAPAN,* Japan, 2020.

Morgenthau, Hans J. Revised by Kenneth W. Thompson. *Politics Among Nations, The Struggle for Power and Peace*. 6th ed. New York: McGraw-Hill, Inc, 1985.

NIC. *GLOBAL TREND 2040*. National Intelligence Council, 2021.

Nye Jr., Joseph S. *Nuclear Ethics*. New York: Free Press, 1986.

Odem, William E. *The Collapse of the Soviet Military*. New Haven, CT: Yale University Press, 1998.

Organski, A. F. K. *World Politics*. New York: Alfred A. Knopf, 1958.

R. E. Walpole, R. H. Myers, S. L. Myers, and K. Ye. *Probability and Statistics for Engineers and Scientists* 9th ed. Pearson, 2012.

Sagan, Scott D. *The limits of safety: Organizations, accidents, and nuclear weapons*. Princeton: Princeton University Press, 1993.

Saul, S. B. *The Myth of the Great Depression*. London: Mcmillan, 1969.

Schuman, Frederick L *International Politics* 4th ed. New York : McGraw-Hill, 1948.

Schweller, Randall L. *Deadly Imbalances: Tripolarity and Hitler's Strategy of World Conquest.* N. Y.: Columbia Univ. Press, 1998.

Stone, Randall W. *Satellites and Commissars and Conflict in the Politics of Soviet-Bloc Trade.* Princeton, NJ: Princeton University Press, 1996.

Terrence K. Kelly, James Dobbins, David A. Shlapak, David C. Gompert, Eric Heginbotham, Peter Chalk, Lloyd Thrall. *The U.S. Army in Asia, 2030-2040.* RAND, 2014.

Van Evera, Stephen. *Causes of War: Power and the Roots of Conflict.* NowYork: Cornell University Press, 1999.

Walt, Stepthen M. *The Origins of Alliances.* NY: Coiumbia Univ. Press, 1987.

Waltz, Kenneth N. *Man, state, and War: A Theoretical Analysis.* New York: Columbia University, 2001.

_____. *Theory of International Politics.* California: Addison-Wesley Publishing Company, 1979.

Wight, Martin. *Power Politics.* London: Royal Institute of International Affairs, 1946.

Wright, Quincy. *A Study of War* Vol. I, II. Chicago: The University of Chicago Press, 1942.

나. 일문

나카지마 하오 소유(中島資皓). 『完結 昭和國勢搃監』第三卷(全 4卷一祖). 東京: 東洋經濟新報社, 1991.

다. 국문

국방대학교. 『安保關係用語集』. 서울 : 국방대학교, 2001.

국방부. 『2020 국방백서』. 국방부, 2020.

권태영·노훈·박휘락·문장렬. 『북한 핵·미사일 위협과 대응』. 한국안보문제연구소, 2014.

金順圭. 『신국제정치사』. 서울: 박영사, 1994.

김우상 역. 『신한국책략Ⅲ』. 서울: ㈜세창, 2012.

김희오. 『국제 관계론』. 서울: 자산출판사, 2001.

문대근.『국익 대북정책』. 늘푸플러스, 2013.

박성현.『현대실험계획법』. 서울 : 민영사, 2003.

박휘락.『평화와 국방』. 서울: 한국학술정보(주), 2012.

배정호 등 5명.『리더십교체기의 동북아 4국의 국재정치 및 대외정책 변화와 한국의 통일외교
략』.서울: 통일연구원, 2012.

오경섭.『중국의 대북한 영향력 분석: 2차 북핵위기를 중심으로』. 세종연구소, 2011.

외교통상부 .『중국개항』.서울, 2012.

육군사관학교.『세계전쟁사』. 서울: 육군사관학교, 1980.

李克燦.『政治學』. 서울: 법문사, 2000.

이근욱.『왈츠 이후 국제정치이론의 변화와 발전』. 서울: 도서출반 한울, 2009.

이정수.『제2차 세계대전 해전사』서울 : 공옥출판사, 1999.

이춘근.『미중 패권경쟁과 한국의 전략』. 김앤김북스, 2016.

전기원 등 7명.『쟁점으로 본 동아시아 협력과 갈등』. 서울: 도서출판 오름, 2008.

한국국방연구원.『미래 중국의 부상에 따른 우리의 전략적 대비방향』. 서울, 2008.

해군대학.『世界海戰史』. 해군본부: 해군 인쇄창, 2002.

해군본부(전발단).『일본·영국 해군사 연구』. 해군본부: 해군 인쇄창, 1997.

해군본부.『중국·러시아 해군사 연구』. 해군본부: 해군 인쇄창, 2002.

해양전략연구소.『2020~2021 동아시아 해양안보 정세전망』. 박영사, 2021.

한국해양전략연구소.『동아시아 해양의 평화와 갈등』. 한국해양전략연구소, 2019.

홍현익.『중국의 부상에 따른 러·중관계의 변화와 한국의 대응방안』. 세종정책연구 2013-13. 서울:
세종연구소, 2013.

Bernstein, William. *Birth of plenty*. SIAA Publishing Co., 2005. 김현구 역. 서울: 시아출판사, 2005.

Carl Von Clausewitz. *Vom Kriege. Rowohlt Taschenbuch Verlag* (1832). 류제승 역.『전
쟁론』. 서울: 책세상, 2001.

Giulio, Douhet. *The Command of the Air* (1921). 이명환 역.『제공권』. 서울: 책세상, 1999.

Gorshikov, Sergei. *Sea Power of The State*. Pergamon Press, 1980. 임인수 역.『국가의 해양
력』. 서울: 책세상, 1999.

Graham Allison. Destined FOR WAR: CAn America and China ESCape Thucydides's Trap? (2017), 정혜윤 역, 『예정된 전쟁』. 세종서적, 2018.

Michael D. Swane and Ashely J. Tellis. *China's Grand Strategy.* Washington D.C.: RAND, 2000. 이홍표 역.『중국의 대전략 : 과거, 현재, 미래』. 서울 : 한국해양전략연구소, 2001.

Waltz, Kenneth N. *Theory of International Politics*(1978). 박건영 역.『국제정치이론』. 서울: (주)사회평론, 2000.

기꾸치 히로시(菊地宏).『戰略基本理論』. 東京: 內外出版株式會社, 1980. 국방대학원 역.『戰略基本理論』. 서울: 국방대학원, 1993.

나콜라이 에피모프(Н. Н. Ефимоф). Политико-военные аспекты национальной безопасности Р (2006). 정재호외 공역.『러시아 국가안보』. 서울: 한국해양전략연구소, 2011.

자오찬성(趙全勝). *Interpreting Chinese Foreign Policy.* New York: Hong Kong Oxford Univ. Press, 1996. 김태완 역.『중국의 외교정책』. 서울: 도서출판 오름, 2001.

후안강(胡鞍鋼). *民主決策: 中國集體領導體制*(2010). 성균중국연구소 역.『중국공산당은 어떻게 통치하는가』. 성균관대학교출판부, 2016.

2. 논문

가. 영문

A. F. K. Organski and Jacek Kugler. "Cause, Beginning and Prediction, The Power Transition." *The War Leger.* Chicago: The University of Chicago Press, 1980.

Atle Staalesen. "Putin signs Russia's new Arctic master plan." Mar 6, 2020. www.arctictody. com.(검색일: 2021. 9. 20.)

ACDA(United State Arms Control and Disarmament Agency). *"WORLD-WIDE MILITARY EXPENDITURES AND RELATED DATA 1965."* *Research Report 67-6.* (Washington, D.C.: ACDA Economic Bureau).

Akulov, Andrei. "US on the Way of Asia-Pacific Rebalancing." www.strategic-culture.org. (검색일: 2014. 6. 20).

Bitzinger, Richard A. "China's ADIZ: South China Sea Next?." www.eurasiareview.com.(검

색일: 2014. 6. 25).

Chatterjee, Partha. "The Classical balance of Power Theory," *Journal of Peace Research* Vol.9, No.1 (1972).

Cheng, Dean. "Sea Power and the chinese State: China's Maritime Ambition." *The Heritage Foundation* No.2576 (Backgrounder Jury 11, 2011).

Choi, Jong Chul. "Asian Security Architecture in the Growth of US-China Strategic Competition in the 21st Century." *The Korean Journal of Defense Analysis* Vol.23, No.1 (Division of Military Strategy, Korea National Defense, March 2011).

Clapper, James R. "Worldwide Threat Assessment: North Korea" (Office of the Director of National Intelligence: FEB. 16, 2011).

Cleo Paska., "Indo-Pacific strategies, percetions and partnerships." (23 March 2021). www.chathamhouse.org.(검색일: 2021. 9. 20).

Congressional Research Service. "Report to congress on the Annual Long-Range Plan for Construction of Naval Vessels for FY2019." www.secnav.navy.mil.(검색일: 2021. 9. 20).

Clinton, Hillary Rodham. "America's Pacific Century." *Foreign Policy* No.189 (November 2011).

Collins, John M. *"UNITED STATE/SOVIET MILITARY BALANCE"* (IB78029, Washington D.C.: Congressional Research Service, 1981 Originated 1978).

CSIS, "Asian Defence Spending 2000-2011" (Oct. 2012).

Daggett, Stepphen et al. (eds). "Pivot to the Pacific? The Obama Administration's "Rebalancing" Toward Asia." Congress Research Service Report, R42448 (March 28, 2012).

Department of Defence. "Joint Operational Access Concept" (January 17, 2012).

_____. "Quadrennial Defense Review Report" (February, 2010). www.defense.gov.(검색일: 2013. 11. 25).

_____. "Sustaining U.S. Grobal Leadership: Priorities for 21st Century Defence" (January, 2012).

_____. "WMEAT 2013 Table I - Military Expenditures and Armed Forces Personnel, 2000-2010." www.state.gov.(검색일: 2014. 6. 21).

Ekaterina Klimenko. "Russia's new Arctic policy document signals continuity rather than change"(6 April 2020). www.sipri.org.(검색일: 2021. 9. 20).

Eleanor Alber. "North Korea's Military Capabilities" (Nov. 16, 2020, Council Foreig Relations). www.cfr.org.(검색일: 2021. 9. 20).

Elizabeth Shim. "North Korea could have 40~50 nuclear weapon, think tank says" (Wolrd news, 14 June 2021.). www.upi.com.(검색일: 2021. 9. 20).

Gaddis, John Lewis. "The Long Peace; Element of Stability in the Postwar International System." *International Security* Vol.10, No.4 (1986).

Gaidar, Yegor. "The Soviet Collapse: Grain and Oil." www.aei.org.(검색일: 2014. 6. 20).

Glaser, Charles. "Will China's Rise Lead to War." *Foreign Affairs* (March/April 2011).

Goldman sacks. "World in 2050: The BRICs and beyond: prospects, challenges and opportunities"(January 2013)(검색일: 2014. 6. 25).

Haas, Ernst B. "The Balance of Power: Prescription Concept or Propaganda?" *World Politics* Vol.5, No.4 (Jul. 1953).

Hall III, Hines H. "The Foreign Policy-Making Process in Britain, 1934-1935, and the Origins of the Anglo-German Naval Agreement." *The Historical Journal* Vol.19, No.2 (Cambridge University Press: Jun. 1976).

Heath A. Comley & Etc.. "The Diversity of Russia's Military Power" (Sep. 2020, CSIS). www.csis.com.(검색일: 2021.9.20.).

Hyland, William G. "The U.S.S.R. and USA." *Collection of papers for THE U.S.S.R. AND THE SOURCE OF SOVIET POLICY Seminar* (The Wilson Center in Washington D.C., 14th APR. ~ 19th MAY 1978). wilsoncenter.org.(검색일: 2013. 7. 14).

ICPSR. "National Material Capabilities Data, 1816-1985" (ICPSR 9903, 1990 by J. David Singer and Melvin Small).

IISS. "The Military Balance: Executive Summary" (2011).

___. "The Military Balance 2020, The International Institute for Strategic Studies" (Feb 25, 2021). www.iiss.org.(검색일: 2021. 9. 20)

Ikenberry, John G. "The Future of the Liberal World Order" (May/June 2011). www. foreignaffairs.com.(검색일: 2014. 5. 14).

Jablonsky, David. "National Power." in J. Boone Bartholomees, Jr. (eds.), Theory of War and Strategy. : 2013. 3. 5). www.StrategicStudiesInstutute.army.mil.(검색일

Jan Van Tol with Mark Gunzinger, Andrew Krepinevich, and Jim Thomas. "AirSea Battle : A Point-of-Departure operational Concept" (CSBA: Center for Strategic and Budgetary Assessments, May 2010).

Kang, Young-O. "Korea's Military Thinking and Alternatives for Naval Force Development." Lee, Choon Kun. *Sea Power and Korea in the 21st Century* (Republic of Korea navy and The Sejong Institute, 1994).

Kim, Woosang. "Alliance Transition and Great Power War." *American Journal of Political Science* Vol.35, No.4 (1991).

_____. "Pow er Parity, Alliance, Dissatisfaction, and Wars in East Asia, 1860-1993." *Journal of Conflict Resolution* (2002).

Layne, Christopher. "The Unipolar Illusion Revisited: The Coming End of the United States' Unipolar Moment." *International Security* Vol.31, No.2 (2006).

Lemke, Douglas. "The continuation of History: Power Transition Theory and the End of the Cold War." *Journal of Peace Research* Vol.34, No.1 (Feb. 1997).

Luers, William H. "The U.S.S.R. and the Third World," *Collection of papers for THE U.S.S.R. AND THE SOURCE OF SOVIET POLICY Seminar* (The Wilson Center in Washington D.C., 14th APR. ~ 19th MAY 1978), www.wilsoncenter.org.(검색일: 2013. 7. 14).

Mearsheimer, John J. "Why We Will Soon Miss the Cold War." *The Atlantic Monthly* Vol.266, No.2 (1990).

Nikitin, Mary Beth. "North Korea's Nuclear Weapon: Technical Issues." Congressional

Research (Jun. 20, 2011).

Nolt, James H. "China's Declining Military Power." *The Brown Journal Of World affairs* Spring 2002-Volume IX (Providence, RI: Watson Institute for International Studies, 2002).

Office of The Secretary Deffense. "Military and Security Developments Involving the People's Republic of China 2020" (Sep 1, 2020). www.defense.gov.(검색일: 2021. 9. 20).

Paul Beaudry and Franck Portier. "The French Depression in the 1930s." *Review of Economics Dynamics* 5 (2002).

Rauchhaus, Robert. "Evaluating the Nuclear Peace Hypothesis: A Quantitative Approach." *The Journal of Conflict Resolution* Vol.53, No.2 (2009).

Record, Jeffrey. "APPEASEMENT RECONSIDERED: INVESTIGATING THE MYTHOLOGY OF THE 1930s." www.StrategicStudiesInstitute.army.mil.(검색일: 2013. 9. 20).

Ronald O'Rourke. "China Naval Modernization: *Implications* for U.S. Navy CapabilitiesBackground and Issues for Congress" (July 1, 2021), RL33153. www.crsreports.congress.gov.(검색일: 2021.9. 20.).

_____. "Navy Force Structure and Shipbuilding Plans: Background and Issues for Congress" RL32665, (21 Jun 2021). www.crsreports.congr.(검색일: 2021. 9. 20).

Ryu, Yongwook. "The Road to Japan's "Normalization": Japan's Foreign Policy Orientation since the 1990s." *Korean Journal of Defense Analysis* Vol.14, Issue.2 (2007).

Samuels, Richard. "Japan's Emerging Grand Strategy." *Asia Policy* 3 *(2007)*.

Schroeder, Paul W. "Historical Reality vs. Neo-Realist Theory." *International Security* Vol.19, No.1 (Summer, 1994).

Schweller, Randall L. "New Realist Research On Alliances: Refining, Not Refuting, Waltz' Balancing Proposition." *APSR* Vol.92, No.4 (December 1997).Singer, J. David. "The level of analysis problem in international relations." *World Politics* Vol.14, No.1 (Oct. 1961).

Soeya, Yoshihide. "Japanese Domestic Politics and Security Cooperation in Northeast Asia." *New Regional Security Architecture for Asia* (December 2009).

Tellis, Ashley J. "Military Modernization in Asia" in Tellis and Michael Wills. eds. *Strategic Asia 2005-06: Military Modernization in an Era of Uncertainty* (The National Bureau of Asian Research, 2006).

U.S. Census Bureau. "Statistical Abstract of the United States: 1999." *20th Century Statistics.* www.census.gov.(검색일: 2013. 2. 10).

U.S. Department of Government. "World Military Expenditures and Arms Transfers 1990" (1991).

Wagner, Harrison R. "Peace, War, and the Balance of Power." *The American Political Science Review* Vol.88, No.3 (Sep. 1994).

Waltz, Kenneth N. "The Origin of War in Neorealist Theory." *Journal of Interdisciplinary History* Vol.18, No.4 (Spring 1988).

_____. "The Spread of Nuclear Weapon: More May Be Better." *Adelphi Papers* No.171 (1981).

나. 일문

오카베 이사쿠(岡部いさく). "アメリカ海軍の現戰力今後の動向."『世界の艦船』2013年2月號 (日本: 海人社, 2013).

다. 국문

강병문. "중국의 군사력 증강과 영향" (원광대 행정대학원 석사학위논문, 2011).

강석율. "동북아 안보정세분석(NASA)" (KIDA, 2020, 12. 21).

김강녕. "중국의 해양팽창정책과 한국해군의 대응방안"『해양전략』제178호 (합동군사대학, 2018.).

강희각. "韓·中·日 해양분쟁 심화요인과 그 함의에 관한 연구" (한남대학교 박사논문, 2011).

金東震. "日本의 對韓半島政策." 민족통일연구원 연구보고서(92-09) (서울: 양동문화사, 1992).

김기주. "일본의 해양전략 평가와 전망." 『2013~2014 동아시아 해양안보 정세와 전망』 (한국해양 전략연구소, 2014).

김명수. "미래해군력 적정 수준에 관한 연구." 해군대학. 『海洋戰略』 제122호 (대전: 해군대학, 2004).

_____. "세력균형(power balance)에서의 군사력 수준과 동북아시아에 주는 함의", 『STRATEGY21』 Vol.18, No.3 (한국해양전략연구소, 2015).

_____. "세력균형과 상대적 군사력 수준에 관한 연구" (국민대학교 대학원 박사논문, 2013).

김순규. "신국제정치사제분석." 金順圭. 『신국제정치사』 (서울: 박영사, 1994).

김연철. "1954년 제네바 회담과 동북아 냉전질서." 한국연구제단. 『아세아연구 제54권 1호』 (서울: 한국연구제단, 2011년).

김영호. "미국의 중장기 국력변화와 대한반도 정책전망." 김영호 등 6명. 『미·일·중·러의 중장기 국 력변화와 동북아 안보협력』 안보연구시리즈 제7집 (서울: 국방대학교, 2006).

김예정. "중국의 안전보장제도와정책." 함택영·박영준 편. 『안전보장의 국제정치학』 (서울: 사회평 론, 2010).

김창수. "미국의 아시아 재균형 정책과 한국의 안보." 박창권·강인호·김창수 등. 『한국의 안보와 국 방』 (한국국방연구원, 2014).

김창수·설인호. "한미동맹, 미래 비전과 발전전략." 박창권·강인호·김창수 등. 『한국의 안보와 국 방』 (한국국방연구원, 2014).

김태현. "세력균형이론." 우철구·박건형 편. 『현대 국제관계이론과 한국』 (서울: 사회평론, 2004).

李春根. "박정희시대 한국의 외교 및 국방전략." 『한발연포럼제 152호』 (한국개발연구원, 2006년 8 월). www.hanbal.com.(검색일: 2013. 11. 1).

朴峯甲. "露日戰爭의 勢力轉移論的 分析" (동국대학교 대학원 정치대학원 박사논문, 2005).

박창권. "미중 해군력 경쟁의 특성과 안보적 시사점', 국방논단 제1852 (한국국방연구원, 2021).

윤석준. "중국의 해양전략 평가와 발전." 한국해양전략연구. 『2013~2014 동아시아 해양안보 정세 와 전망』 (한국해양전략연구소 2014).

윤영미. "러시아의 안전보장제도와 정책: 영속성과 안전성." 함택영·박영준 편. 『안전보장의 국제정 치학』 서울: 사회평론, 2010.

윤정원. "동맹과 세력균형." 함택영·박영준 편. 『안전보장의 국제정치학』 (서울: 사회평론, 2010).

이기종. "동북아 정세변화와 한국의 대외안보협력." 『亞太硏究』 (경기대학교 아태연구원, 1996.12).

이동선. "21세기 국가안보와 관련한 현실주의 패러다임의 적실성." 『국제정치논총』 Vol.49, No.5 (2009, 겨울).

_____. "현실주의 국제정치 패러다임과 안전보장." 함택영·박영준 편. 『안전보장의 국제정치학』(서울: 사회평론, 2010).

이상국. "시진핑 시대 중국의동아시아 정책 방향." 박창권·강인호·김창수 등. 『한국의 안보와 국방』 (한국국방연구원, 2014).

이원봉. "21세기 중국의 안보전략과 군사력." 『아태연구』 Vol.9, No.1 (서울: 경희대학교아태지역연구원, 2002).

이지용. "한중관계 발전을 위한 신정부의 대중 외교방안." 주요국제문제분석 2013-04 (외교안보연구원, 2013).

전재성. "동맹의 역사." 『21세기 세계동맹질서 변환』 EAI NSP Report 33 (서울 : 동아시연구원 (EAI), 2012).

최우선. "미국의 새로운 방위전략과 아시아 안보." 주요국제문제분석 No. 2012-14 (국립외교원 외교안보연구소, 2012. 6. 12).

최운도. "일본안전보장제도와 정책." 함택영·박영준 편. 『안전보장의 국제정치학』 (서울: 사회평론, 2010).

황지환. "세계 금융위기 이후 군사안보 질서의 변화," EAI NSP Report 44 (East Asia Institute, 2011. 2).

幸範植. "러시아-중국 안보·군사 협력의 변화와 전망." 『中蘇研究』 통권 112호 2006/2007 겨울 (한양대학교 아태지역연구센터, 2007).

3. 기타

1939년 병력 자료. www.spartacus.schoolnet.co.uk.(검색일: 2013. 4. 5).

Abyssinia Crisis. www.historytoday.com.(검색일: 2014. 6. 20).

CRS. "The FY2019 Defense Budget Request: An Overview" (May 9, 2018), www.fas.org.(검색일: 2021. 9. 20).

David Hutt. "The UK Should Align with Biden in the Indo-Pacific" (14 January 2021).

www.rusieurope.eu.(검색일: 2021. 9. 20).

Defense newes. "In challenging China's claims in the South China Sea, the US Navy is getting more assertive" (Feb 5, 2020). www.defensenews.com.(검색일: 2021. 9. 20).

Global Times. "China releases report on US military presence in Asia-Pacific, warns of increased conflict risk" (Jun 21, 2020). www.globaltimes.cn.(검색일: 2021. 9. 20).

French Navy - 1900s. (검색일: 2013. 4. 10).

Government Spending in the US. www.usgovernmentspending.com.(검색일: 2014. 6. 21).

History of the Royal Navy - Part 3 (1815 - 1914). www.news.bbc.co.uk.(검색일: 2014. 6. 21).

Imperial German Navy. (검색일: 2013. 8. 12).

Liang Tuang Nah. "The Tactical Implications of North Korea's Military Modernization" (Jan 27, 2021). www.thediplomat.com.(검색일: 2021. 9. 20).

London Naval Conference(December 1935-March 1936). www.globalsecurity.org.(검색일: 2013. 6. 10).

Navy news, "China's New Super Carrier: How It Compares To The US Navy's Ford Class" (2 Jul 2021). www.navalnews.com.(검색일: 2021. 9. 20).

More information about: Hitler plans the invasion of Britain. www.bbc.co.uk.(검색일: 2013. 6. 17).

Munich Agreement. www.wikipedia.org.(검색일: 2013. 7. 3).

Ronald Reagan, "Address to the National Association of Evangelicals ('The Evil Empire'), 8 March 1983." voicesofdemocracy.umd.edu.(검색일: 2014. 6. 21).

Russian-military. www.cfr.org.(검색일: 2021. 9. 20).

The Economist. "China's next aircraft-carrier will be its biggest. The Chinese navy is fast learning how to use them" (Jul 3rd 2021). www.economist.com.(검색일: 2021. 9. 20).

The first world war Aftermath. www.nationalarchives.gov.uk.(검색일: 2014. 6. 20).

The Guidelines for U.S.-Japan Defense Cooperation. www.mofa.go.jp.(검색일: 2013. 10. 30).

Treaty of Versailles. www.firstworldwar.com.(검색일: 2014. 6. 18).

USNI news. "CNO Gilday: Flat or Declining Navy Budgets 'Will Definitely Shrink' the Fleet" (Jun 15, 2021). www.news.usni.org.(검색일: 2021. 9. 20).

_____. "Work: Sixty Percent of U.S. Navy and Air Force will be based in Pacific by 2020" (Sep 30, 2014). www.news.usni.org.(검색일: 20221. 9. 20).

參議院常任委員會調査室. "日米同盟の抑止力·對處力と在日米軍駐留経費負担の在り方 ― 第204回國會（常會）における防衛論議の焦点-"(參議院常任委員會調査室·特別調査室, 21. 7. 30). www.sangiin.go.jp.(검색일: 2021. 9. 20).

국방부. 『유능한 안보 튼튼한 국방「국방개혁 2.0」: 국민과 함께합니다.』 (국방부, 2019. 2).

_____. "'21-'25 국방중기계획 정책브리핑". www.korea.kr.(검색일: 2021. 9. 20).

_____. "국방개혁2.0 강한군대 책임국방 구현" (국방소식, 2018. 7. 27), www.mnd.go.kr.(검색일: 2021.9. 20).

동아일보. "中 군사력 확장에 日-호주-인도 맞불… 아시아 군비경쟁 불붙다." www.donga.com.(검색일: 2021. 9. 20).

세계일보. "中 군비확장 대응해 韓·日 항모확보 검토…F-35B 탑재." www.sedaily.com.(검색일: 2021. 9. 20).

란체스터 이론(법칙). (검색일: 2014. 6. 21).

아시아에 전쟁의 유령이 배회(조선일보. 14. 2. 3). news.chosun.com.(검색일: 2014. 4. 25).

아세아투데이. "아베, 11월 호주 방문해 자위대·호주군 협력 강화…내년 국방비 사상 최고." www.asiatoday.co.kr.(검색일: 2021.9. 20).

연합뉴스. "중국, 2030년이면 항모4척 등 415척 군함보유."(검색일: 2015. 6. 8).

워싱턴 해군조약. www.princeton.edu.(검색일: 2013. 8. 3).

중국 국방백서(White Papers). eng.mod.gov.cn.(검색일: 2012. 5. 24).

부 록

1. 제1차 세계대전 이전 국가별 상대적 군사력비 분석

연도	1880	1890	1900	1910	1914	1921	1929	1937
영국(Z)	0.99	1.05	1.22	1.06	0.80	1.24	0.85	0.13
P(D,z)	0.84	0.85	0.89	0.85	0.79	0.89	0.80	0.55
군사력(%)	84	85	89	85	79	89	80	55
러시아(Z)	1.00	0.59	0.86	0.75	0.78	0.32	0.24	0.80
P(D,z)	0.84	0.72	0.80	0.77	0.78	0.63	0.60	0.79
군사력(%)	84	72	80	77	78	63	60	79
프랑스(Z)	0.81	0.84	0.57	0.29	0.17	0.06	0.31	-0.29
P(D,z)	0.79	0.80	0.72	0.61	0.57	0.52	0.62	0.39
군사력(%)	79	80	72	61	57	52	62	39
독일(Z)	0.05	0.35	0.12	0.49	0.89	-0.99	-0.99	0.04
P(D,z)	0.52	0.64	0.55	0.69	0.81	0.16	0.16	0.52
군사력(%)	52	64	55	69	81	16	16	52
오스트리아-헝가리 (Z)	-0.47	-0.56	-0.82	-0.80	-0.64	-1.15	-1.54	-1.68
P(D,z)	0.32	0.29	0.21	0.21	0.26	0.13	0.06	0.05
군사력(%)	32	29	21	21	26	13	6	5
이탈리아(Z)	-0.56	-0.29	-0.75	-0.74	-0.77	-0.61	-0.44	-0.45
P(D,z)	0.29	0.39	0.23	0.23	0.22	0.27	0.33	0.33
군사력(%)	29	39	23	23	22	27	33	33
일본(Z)	-1.14	-1.25	-0.88	-0.83	-0.82	-0.32	-0.40	0.13
P(D,z)	0.13	0.11	0.19	0.20	0.21	0.38	0.34	0.55
군사력(%)	13	11	19	20	21	38	34	55
미국(Z)	-0.68	-0.73	-0.32	-0.20	-0.40	0.30	0.44	-0.37
P(D,z)	0.25	0.23	0.38	0.42	0.34	0.62	0.67	0.36
군사력(%)	25	23	38	42	34	62	67	36

2. 제2차 세계대전 이전 국가별 상대적 군사력비 분석

연도	1920	1925	1930	1933	1934	1935	1936	1937	1938	1939	1940
영국(Z)	1.01	0.45	0.29	0.15	0.15	0.09	0.05	0.06	0.04	0.55	0.50
P(D,z)	0.84	0.68	0.61	0.56	0.56	0.54	0.52	0.52	0.52	0.71	0.69
군사력(%)	84	68	61	56	56	54	52	52	52	71	69
소련(Z)	0.74	0.36	0.93	0.84	1.09	1.09	0.91	0.85	0.62	-0.26	-0.15
P(D,z)	0.77	0.64	0.82	0.80	0.86	0.86	0.82	0.80	0.73	0.40	0.44
군사력(%)	77	64	82	80	86	86	82	80	73	40	44
프랑스(Z)	-0.35	0.48	0.24	0.28	0.01	-0.08	-0.12	-0.24	-0.35	0.15	0.23
P(D,z)	0.36	0.68	0.59	0.61	0.50	0.47	0.45	0.40	0.36	0.56	0.59
군사력(%)	36	68	59	61	50	47	45	40	36	56	59
독일(Z)	-0.66	-0.85	-0.83	-0.79	-0.57	-0.34	-0.00	0.09	0.27	0.60	0.69
P(D,z)	0.25	0.20	0.20	0.21	0.29	0.37	0.50	0.54	0.61	0.73	0.76
군사력(%)	25	20	20	21	29	37	50	54	61	73	76
이탈리아(Z)	-0.60	-0.41	-0.46	-0.44	-0.53	-0.53	-0.41	-0.49	-0.66	-0.74	-0.68
P(D,z)	0.28	0.34	0.32	0.33	0.30	0.30	0.34	0.31	0.25	0.23	0.25
군사력(%)	28	34	32	33	30	30	34	31	25	23	25
일본(Z)	-0.51	-0.30	-0.21	-0.02	-0.14	-0.14	-0.29	-0.09	0.30	-0.07	-0.24
P(D,z)	0.30	0.38	0.42	0.49	0.44	0.45	0.39	0.47	0.62	0.47	0.40
군사력(%)	30	38	42	49	44	45	39	47	62	47	40
미국(Z)	0.37	0.27	0.05	-0.01	-0.00	-0.09	-0.15	-0.18	-0.21	-0.23	-0.35
P(D,z)	0.64	0.61	0.52	0.49	0.50	0.46	0.44	0.43	0.42	0.41	0.36
군사력(%)	64	61	52	49	50	46	44	43	42	41	36

3. 냉전시기 국가별 상대적 군사력비 분석

연도	1950	1955	1960	1965	1970	1975	1980	1985	1990	1995	2000	2005	2010
미국(Z)	0.84	1.09	1.09	1.12	1.07	0.82	0.80	0.86	0.90	1.15	1.15	1.18	1.24
P(D,z)	0.80	0.86	0.86	0.87	0.86	0.79	0.79	0.80	0.82	0.88	0.88	0.88	0.89
군사력 (%)	80	86	86	87	86	79	79	80	82	88	88	88	89
소련/러시아(Z)	0.65	0.64	0.56	0.47	0.47	0.62	0.69	0.79	0.85	−0.13	−0.23	−0.23	−0.18
P(D,z)	0.74	0.74	0.71	0.68	0.68	0.73	0.75	0.79	0.80	0.45	0.41	0.41	0.43
군사력 (%)	74	74	71	68	68	73	75	79	80	45	41	41	43
중국(Z)	−0.01	−0.28	−0.07	0.05	0.09	0.11	0.05	−0.15	−0.26	0.21	0.32	0.32	0.27
P(D,z)	0.50	0.39	0.47	0.52	0.54	0.54	0.52	0.44	0.40	0.58	0.63	0.62	0.61
군사력 (%)	50	39	47	52	54	54	52	44	40	58	63	62	61
일본(Z)	−0.73	−0.73	−0.80	−0.82	−0.82	−0.78	−0.78	−0.76	−0.72	−0.60	−0.62	−0.64	−0.69
P(D,z)	0.23	0.23	0.21	0.21	0.21	0.22	0.22	0.22	0.24	0.28	0.27	0.26	0.24
군사력 (%)	23	23	21	21	21	22	22	22	24	28	27	26	24
한국(Z)	−0.75	−0.72	−0.78	−0.82	−0.82	−0.78	−0.76	−0.74	−0.77	−0.64	−0.63	−0.63	−0.64
P(D,z)	0.23	0.23	0.22	0.21	0.21	0.22	0.22	0.23	0.22	0.26	0.27	0.27	0.26
군사력 (%)	23	23	22	21	21	22	22	23	22	26	27	27	26

4. 현대 국가별 상대적 군사력비 분석

연도	2011	2012	2013	2014	2015	2016	2017	2018	2019	2020	2030
미국(Z)	1.48	1.46	1.45	1.43	1.42	1.40	1.39	1.38	1.39	1.39	1.34
P(D,z)	0.93	0.93	0.93	0.92	0.92	0.92	0.92	0.92	0.92	0.92	0.91
군사력(%)	93	93	93	92	92	92	92	92	92	92	91
소련/러시아(Z)	−0.03	−0.03	−0.15	−0.18	−0.25	−0.26	−0.24	−0.19	−0.22	−0.26	−0.21
P(D,z)	0.49	0.49	0.44	0.43	0.40	0.40	0.40	0.42	0.41	0.40	0.42
군사력(%)	49	49	44	43	40	40	40	42	41	40	42
중국(Z)	0.36	0.41	0.51	0.56	0.61	0.62	0.62	0.62	0.63	0.63	0.78
P(D,z)	0.64	0.66	0.70	0.71	0.73	0.73	0.73	0.73	0.74	0.74	0.78
군사력(%)	64	66	70	71	73	73	73	73	74	74	78
일본(Z)	−0.81	−0.78	−0.77	−0.76	−0.75	−0.74	−0.76	−0.80	−0.79	−0.77	−0.82
P(D,z)	0.21	0.22	0.22	0.22	0.23	0.23	0.22	0.21	0.21	0.22	0.21
군사력(%)	21	22	22	22	23	23	22	21	21	22	21
한국(Z)	−0.70	−0.73	−0.70	−0.69	−0.68	−0.69	−0.69	−0.71	−0.70	−0.70	−0.76
P(D,z)	0.24	0.23	0.24	0.24	0.25	0.25	0.25	0.24	0.24	0.24	0.22
군사력(%)	24	23	24	24	25	25	25	24	24	24	22
북한	−0.51	−0.52	−0.54	−0.55	−0.54	−0.54	−0.53	−0.51	−0.50	−0.49	−0.55
P(D,z)	0.31	0.30	0.29	0.29	0.29	0.30	0.30	0.31	0.31	0.31	0.29
군사력(%)	31	30	29	29	29	30	30	31	31	31	29

5. 2020년대 동북아시아 군사력 현황과 2030년 전망

가. 국방비(단위, 억$/GDP대비%)

연도	2015년	2016년	2017년	2018년	GDP대비 (GDP 성장률)	2030년 국방비 추정
한국	364(2.26)	340(2.23)	351(2.20)	382(2.28)	3(2)	622
미국	5,896(3.25)	5,934(3.17)	5,987(3.07)	64,333(3.14)	3.5(2.5)	8,420
중국	1,424(1.27)	1,437(1.28)	1,515(1.26)	1,682(1.25)	1.3(7)	3,555
일본	411(0.94)	465(0.94)	457(0.94)	473(0.93)	1(1.5)	786
러시아	522(3.82)	455(3.46)	457(2.90)	453(2.88)	3.5(1.5)	840
북한	62.5(16)	46.0(16)	44.5(16)	45.5(16)	16(-)	75

출처: 미국, 중국, 러시아, 일본, 한국의 2030년 국방비 전망은 2020 국방통계연보(2020. 12, 국방부). p.31. www.mnd.go.kr.를 참조하여 2030년 국방비를 전망. IISS, Military Balance 2017~2019년 참조.

북한의 국방비는 10~75억불까지 다양하게 예측을 하였으며, 여기서는 다양한 자료를 참고하여 추정하였음. 아래 표는 북한 국방비 추정치임. 2030년 경제성장이 정상적으로 가정하여 최대치 75억$로 산정.

연도	국방비 추정 (억US$)	GDP대비 비율 (%)	GDP 추정 (억US$)	GDP 성장률 (%, 한국은행)	비고
2010	40.8	16	254.7	-0.5	1991년과 동일 수준
2011	41.1	16	256.8	0.8	
2012	41.6	16	260.2	1.3	
2013	60.2	22.9	263.1	1.1	
2014	42.5	16	265.7	1.0	
2015	62.5	23.8	262.8	-1.1	GDP 308,050억원
2016	46.0	16	288.0	3.9	
2017	44.5	16	277.9	-3.5	

출처: ① www.en.wikipedia.org/wiki/Economy_of_North_Korea 북한의 GDP 성장률과 예측치를 한국은행의 통계를 근거로 제시함. The South Korea-based Bank of Korea estimated that over 2000 to 2013 average growth was 1.4% per year. It estimated that the real GDP of North Korea in 2015 was 30,805 billion South Korean won.

2010년	2011년	2012년	2013년	2014년	2015년
-0.5%	0.8%	1.3%	1.1%	1.0%	-1.1%

② www.nationmaster.com 2013년 국방비 GDP/ 22.9%, https://nautilus.org "North Korea in 2014: A Fresh Leap Forward Into Thin Air?" 2014년 GDP 16%, www.newsweek.com/what-north-koreas-military "What North Korea's Military Looks Like Compared to the U.S."에서 북한의 국방비를 GDP의 16%로 예측함 www.statista.com. 에서 북한의 2012~2015년 국방비는 GDP 대비 평균 15.9~16%.

③ www.upi.com World News "North Korea under reporting defense spending, analyst says" 북한 평양방송을 인용하여 2015년 국방예산을 12억$까지 예측함. www.koreatimes.co.kr/www/news/nation/ "N. Korea spends quarter of GDP on military from 2002-2012: US data". According to the State Department's World Military Expenditures and Arms Transfers 2015 report, the North's military expenditures averaged about $4 billion a year. That accounts for 23.8 percent of the country's average GDP of $17 billion during the period. North Korea's 2012 military spending came to $3.85 billion, www.globalfirepower.com/country-military에서 북한의 2018년 국방비를 75억 불로 예측함.

④ 북한 국방비의 추정은 2015년 한국은행(https://www.bok.or.kr)의 북한의 GDP 추정치를 기준으로 역산출하여 계산함. 2015년 북한 GDP 308,050억 원/1,172원(2015년 환율)=262.8억US$이며, 북한 국방비는 GDP 대비 23.8%로 추정함. 그리고 http://en.wikipedia.org/wiki/Korean_People's_Army 에서 북한 2012년 국방비(military expenditure)로 북한 6US BnUS$로 명시.

나. 전체병력(단위, 명)

구분	2018년	2019년	2020년	전망기준	2030년 전망
미국	1,348,400	1,359,450	1,379,800	이전 수준	1,350,000
러시아	900,000	900,000	900,000	이전 수준	900,000
중국	2,035,000	2,035,000	2,035,000	이전 수준	2,000,000
일본	247,150	247,150	247,150	이전 수준	247,000
한국	625,000	625,000	599,000	국방개혁 2.0	500,000
북한	1,280,000	1,280,000	1,280,000	이전 수준	1,280,000

출처: 한국 : 국방개혁 2.0에 따라 향후 병력을 50만까지 축소 발표.

　　　미국 : 병력 변화의 정책이 특이사항없이 현재 수준 유지 전망.

　　　러시아 : 2000년대부터 푸틴의 군현대화 계획의거 병력을 축소하여 100만 이하로 유지.

　　　중국 : 시진핑 주병력 200만 수준을 목표로 개편 추진. '17년부터 육군중심에서 육군 30만 명을 줄이고 해군 30만, 해병대 10만까지 확대 예정을 발표. 중국 중앙통신('17. 3. 6), 홍콩 사우스 차이나 모닝 포스트('17. 3. 13). 병력의 전환은 있으나 현재와 동일 수준 유지 전망.

　　　일본 : 현 병력 유지하고 질적으로 우수한 최첨단 전력 강화에 중점.

　　　북한 : 현 병력 수준을 유지 평가.

다. 해군(해자대) 전투함정 톤수(톤)

구 분		2018년	2019년	2020년	전망기준	2030년 전망
미국	총톤수	2,267,504	2,384,980	2,438,017	* 미해군 355척 목표	3.283,134
	총척수	175	179	188		248
	잠수함	68	67	67		78
	수상함 (FF이상)	107	112	121		170
러시아	총톤수	715,428	607,378	558,137	* 러시아 함정건조계획	1,153,785
	총척수	96	93	82		164
	잠수함	62	58	49		76
	수상함(FF 이상)	34	35	33		88
중국	총톤수	578,843	605,872	613,954	* 미국 전망자료	1,422,908
	총척수	145	146	141		272
	잠수함	62	59	59		68
	수상함 (FF이상)	83	87	82		204
일본	총톤수	311,878	326,022	340,166	* 방위백서 등	405,692
	총척수	66	69	72		88
	잠수함	19	20	21		22
	수상함 (FF이상)	47	49	51		66
한국	총톤수	108,356	113,403	113,403	* 국방백서 등	248,236
	총척수	49	48	48		64
	잠수함	24	22	22		27
	수상함 (FF이상)	25	26	26		37

	총톤수	48,048	48,048	48,048		51.096
북한	총척수	75	75	75	* 공개자료 등	77
	잠수함	73	73	73		73
	수상함(FF 이상)	2	2	2		4

출처: 미국 : Report tp congress on the annual long-range plan for construction od naval vessels for fiscal year 2017(Jul. 9, 2016). ; An analysis of Naval's fiscal year 2017 shipbuilding plan(Feb. 21, 2017)을 참조하여 305을 기준을 작성하였으며, 기준 톤수에 미달하는 지원함 34척은 제외함.

중국: 다양한 공개된 자료를 참고로 하여 2030년을 전망함.

러시아: 해양전략연구소, 『2020~2021 동아시아 해양안보 정세전망』 (박영사, 2021), pp.179~193. 2030년까지 주력함정 확보계획. 항공모함 및 헬기 모함 4척, 호위함 20척, 초계함 35척, 유도탄함 5~10척, 상륙함 6척, 잠수함 30척 등.

일본: 2020 DEFENSE OF JAPAN(2020. 9. MOD), 215~223.

한국: 국방부, 『2020 국방백서』 ; 박수찬, "해군이 구상하는 2030년대 큰 그림은 '대양함대'" (2020. 2. 1. 세계일보), www.segye.com/. 호위함(FF)과 초계함(PCC) 퇴역으로 경함공모함 1척, 신형 호위함(FFX, 3,500톤급) 6척, 차기 이지스함 3척, 한국형 차기구축함(KDDX, 6,000톤급) 6척, 차기 잠수함(KSS-III 3천 톤급) 6척 등.

라. 전투기 대수(단위, 대)

구분	2018년	2019년	2020년	전망기준(5년평균)	2030년 전망
미국	2,920	2,925	2,935	2,944	2,944
러시아	1,468	1,516	1,476	1,426	1,426
중국	2,771	2,798	2,921	2,728	2,728
일본	542	547	546	550	550
한국	545	545	545	572	572
북한	1,472	1,487	1,498	1,461	1,461

* 10년간 전투기수를 계산하여 본 결과 수적으로 유사하며, 사업이 10주기로 진행되고, 항공기 수명주기 고려 5년 평균을 2030년 적용(기존 항공기를 신형 4~5세대 전투기로 대체하며 질적으로 성능이 향상되며, 수적으로는 유사 수준으로 판단함).

미 주

1 'Power'에 대한 해석은 국내 학자들에게도 '힘'으로 또는 '국력'으로 해석되고 있는데, 이 책에서는 주로 '힘'으로 해석하며, 의미를 고려하여 '세력' 등으로도 적절히 사용하기로 한다.

2 Kenneth N. Waltz, *Theory of International Politics* (California: Addison-Wesley Publishing Company, 1979). 세력균형이론을 체계적으로 정립하였다고 본다.

3 Kenneth N. Waltz, *Man, state, and War: A Theoretical Analysis* (New York: Columbia University, 1959), pp.199~204.

4 Stephen Van Evera, *Causes of War: Power and the Roots of Conflict* (Now York: Cornell University Press, 1999).; John J. Mearsheimer, *The Tragedy of Great Power Politic*s (New York: W. W. Norton & Company, 2001).; Randall L. Schweller, *Deadly Imbalances: Tripolarity and Hitler's Strategy of World Conquest* (NY: Coiumbia Univ. Press, 1998).; Stepthen M. Walt, *The Origins of Alliances* (NY: Columbia Univ. Press, 1987). 반에베라는 군사력이 공격적이냐 방어적이냐에 따라 국가행동을 연구하여 공격방어이론(offense-defense theory)을 제시하였고, 미어샤이머는 무정부상태의 상대적 국가 힘, 군사력에 따른 국가행동을 연구한 공격적 현실주의의 대표적 인물로 지칭된다. 스웰러는 국가이익이나 목표에 중심을 둔 이익균형이론(balance of interest theory)을 제시하였고, 왈트는 동맹의 원인이 위협에 기초한다고 제시하였다.

5 David Jablonsky, "National Power," in J. Boone Bartholomees, Jr. (eds.), *Theory of War and Strategy, http://www.StrategicStudiesInstutute.army.mil*, p.126.

6 Waltz, *Man, state, and War: A Theoretical Analysis*, pp.222~223; Mearsheimer, *op. cit.*, p.5.

7 Paul Kennedy, *The Rise and Fall of the Great Powe*r (New York: Vintage Book, A division of Random House, 1989), p.203.

8 김순규, "신국제정치사 제분석," 金順圭, 『신국제정치사』 (서울: 박영사, 1994), pp.39, 46~47.

9 Kennedy, *op. cit*, p.144.

10 J. David Singer, "The level of analysis problem in international relations," *World Politics*, Vol.14, No.1 (Oct. 1961). 분석 모델이 갖춰야 할 요건으로 서술(description), 설명(explanation), 예측(prediction)이라 보았는데, 이 의미는 현상을 완벽한 상(scheme)으로 그려내고, 그 현상들 간의 인과관계를 설명하며, 합리적으로 타당한 예측이 가능해야 한다는 것이다. 따라서 국제체제 수준의 분석은 포괄성은 있으나 섬세함이 부족하고, 국제체제의 영

향력을 과장하거나, 체제 내 구성요소의 영향력을 과소평가는 경향이 있다고 본다. 그리고 국가수준의 분석은 Hass나 Whiting을 제외하고는 국가행위를 서술하는데, 성공한 연구는 없다고 주장한다.

11   여기서 '상대적 군사력 수준'의 의미는 군사력은 상대 국가나 적대 국가에 대비하여야만 의미가 있다. 따라서 국제체제에서 '상대적 군사력 수준'은 상대적 의미로 이후 '군사력 수준'과 동일한 의미로 사용하기로 한다.

12   Schweller, *op. cit.*, pp.26~31. 전쟁과 관련된 주요 힘의 능력(COW, Correlates of Wars)을 군사력에 철강 생산 및 에너지 소비를 기준으로 경제력(economic strength)과 인구(population)를 포함하여 힘을 측정하였다. 그 결과로 강대국을 미국, 독일, 소련, 준강대국을 영국, 프랑스, 일본, 이탈리아로 분류하였다.

13   Kennedy, *op. cit.*.

14   이근욱, 『왈츠 이후 국제정치이론의 변화와 발전』(서울: 도서출반 한울, 2009), p.15.

15   정규분포의 모양은 평균(μ)과 편차(σ)에 따라 다르다. 그러나 'Z'값은 정규분포의 모양에 관계없이 확률변수(x)가 평균에서 떨어져 있는 거리는 동일하다. 표준값 $Z=(x-\mu)/\sigma$이다.

16   Quincy Wright, *A Study of War* Vol. I, II (Chicago: The University of Chicago Press, 1942). 이 연구서는 B.C. 550에서 제1차 세계대전까지의 전쟁을 방대한 자료의 수집과 분석을 통하여 전쟁의 역사, 원인, 특징, 이론, 변화 등을 다루고 있다. 여기는 국가별로 다양한 자료를 제시하고 있다.

17   1860년부터 1995년까지 군함에 대한 자료를 종합한 책이다. 1860~1905년, 1906~1921년, 1922~1946년, 1947~1995년으로 구분하여 총 4권으로 구성되어 있다.

18   Michigan University의 사회연구재단 부속으로 1962년에 설립되어, 사회과학분야에서 다양한 데이터를 종합하여 대학과 연구기관에 제공하고 있으며, 세계의 640여 개의 대학과 연구소가 연동되어 있고, 미국의 Rand 연구소도 여기서 제공되는 자료를 많이 이용하여 연구를 실시하고 있다.

19   Thucydides, *The History of the Peloponnesian* Translated by Richard Crawley, pp.342~350, www.classics.mit.edu.

20   Hans J. Morgenthau, *Politics Among Nations: The Struggle for Power and Peace*, Fifth Edition, Revised (New York: Alfred A. Knopf, 1978) pp.4~15.

21   "Political Realism in International Relations" (2nd Apr 2013), www.plato.stanford.edu.

22   Hans J. Morgenthau, *Politics Among Nations: The Struggle for Power and Peace*, 6th ed. (New York: Alfred A. Knopf, 1973), pp.187~192.

23   *Ibid.*, pp.192~197.

24   *Ibid.*, pp.198~217.

25   *Ibid.*, pp.222~240.

26 Waltz, *Theory of International Politics*, pp.103~116.

27 Waltz, *Man, state, and War: A Theoretical Analysis*, p.85.

28 Waltz, *Theory of International Politics*, pp.118~119.

29 Mearsheimer, *op. cit.*; 이근욱, *op. cit.*

30 Alfred T. Mahan, *The Influence of Sea Power Upon History, 1660-1783*.(1987). The Original Classic Edition (Australia: Emereo Pty Limited, 2012).

31 Douhet Giulio, *The Command of the Air* (1921), 이명환 역, 『제공권』 (서울: 책세상, 1999).

32 Wright, *op. cit.*, pp.743~756.

33 Frederick L. Schuman, *International Politics* 4th ed. (New York : McGraw-Hill, 1948), pp.80~81.

34 Ernst B. Haas, "The Balance of Power: Prescription Concept or Propaganda?," *World Politics* Vol.5, No.4 (Jul. 1953), pp.442~477.

35 김희오, 『국제 관계론』 (서울: 자산출판사, 2001), pp.23~25.

36 Partha Chatterjee, "The Classical balance of Power Theory," *Journal of Peace Research* Vol.9, No.1 (1972), p.51.

37 Waltz, *Theory of International Politics*, p.111.

38 Paul W. Schroeder, "Historical Reality vs. Neo-Realist Theory," *International Security* Vol.19, No.1 (Summer, 1994), pp.108~148.

39 *Ibid.*, pp.113~116, 122~123.

40 김우상 역, 『신한국책략Ⅲ』 (서울: (주) 세창, 2012), p.181.

41 A. F. K. Organski, *World Politics* (New York: Alfred A. Knopf, 1958). pp.344~346.

42 김우상 역, *op. cit.*, pp.185~186.

43 Woosang Kim, "Power Parity, Alliance, Dissatisfaction, and Wars in East Asia, 1860-1993," *Journal of Conflict Resolution* (2002), pp.654~671.

44 A. F. K. Organski and Jacek Kugler, "Cause, Beginning and Prediction, The Power Transition," *The War Leger* (Chicago: The University of Chicago Press, 1980), pp.1~61.

45 Woosang Kim, "Alliance Transition and Great Power War," pp.833~850.

46 Woosang Kim, "Power Parity, Alliance, Dissatisfaction, and Wars in East Asia, 1860-1993," pp.654~671.

47 김태현, "세력균형이론", 우철구·박건영 편, 『 현대 국제관계이론과 한국』, p.84.

48 Mearsheimer, *op. cit.*. p.44, pp.126~128, 234~238.

49 Hans J. Morgenthau Revised by Kenneth W. Thompson, *Politics Among Nations, The Struggle for Power and Peace* 6th ed. (New York: McGraw-Hill, Inc, 1985), p.187.

50 Waltz, *Theory of International Politics* (1978), 박건영 역, 『국제정치이론』 (서울: (주)사회평론, 2000), pp.328~331.

51 이근욱, *op. cit.*, p.86.

52 Mearsheimer, *op. cit.*, p.317, 319, 320.

53 Kenneth N. Waltz, "The Origin of War in Neorealist Theory," *Jornal of Interdisciplinary History* Vol.18, No.4 (spring 1988), p.6.; Richard K. Betts, *Conflict After The Cold War: Argument on causes of war and peace* (New York: PEARSON Longman, 2008), pp.94~105.; Randall L. Schweller, "New Realist Research On Alliances: Refining, Not Refuting, Waltz' Balancing Proposition," *APSR* Vol.92, No.4 (December 1997), p.927.

54 Morgenthau, *op. cit.*, p.32, 92, 117.

55 Waltz, *Man, state, and War: A Theoretical Analysis,* pp.222~223.

56 Mearsheimer, *op. cit.*, p.5.

57 *Ibid.*, p.39.

58 기꾸찌 히로시(菊地宏), 『전략기본이론』 국방대학원 역 (서울: 국방대학원, 1993), p.145.

59 란체스터 이론(법칙), www.enha.kr/wiki. 영국의 항공학자 란체스터(F.W.Lanchester)가 교전 형태는 두 가지 모델로 구분하여 제1모델은 '교전이 전투 단위의 1대1의 전투로 성립 된다'고 가정하는 "1대1이론"이고, 제 2모델은 '교전은 일방의 1개 전투단위에 대하여 상대방이 집중된 세력으로 공격한다'라고 가정하는 "집중공격이론"을 고려하여 전투 및 교전을 분석함.제1, 2차 세계대전의 공중전 결과를 분석하고, 열세한 군사력에서는 정면 공격으로는 승리를 보장할 수 없기 때문에 승리하기 위해서는 전쟁터를 바꾸는 등 동등한 조건에서 싸움을 피해야 한다는 것이다.

60 기꾸찌 히로시(菊地宏), *op. cit.*, pp.145~259.

61 *Ibid.*, pp.104~144.

62 Kennedy, *op. cit.*, xvi.

63 李克燦, 『政治學』 (서울: 법문사, 2000), p.728.

64 Harrison R. Wagner "Peace, War, and the Balance of Power," *The American Political Science Review* Vol.88, No.3 (Sep. 1994), p.599.

65 윤정원, "동맹과 세력균형", 함택영·박영준 편, 『안전보장의 국제정치학』 (서울: 사회평론, 2010), p.227.

66 이동선, "현실주의 국제정치 패러다임과 안전보장," 함택영·박영준 편, 『안전보장의 국제정치학』 (서울: 사회평론, 2010), p.85.

67 Morgenthau, *op. cit.*, p.201.

68 전재성, "동맹의 역사," 『21세기 세계동맹질서 변환』 EAI NSP Report 33 (서울 : 동아시연구원(EAI), 2012), pp.1~5.

69 윤정원, "동맹과 세력균형," 함택영·박영준 편, 『안전보장의 국제정치학』 (서울: 사회평론, 2010), p.225, 227~229. 안보의 형태는 사전에 공동의 적을 설정하지 않은 집단안보(collective security), 적대적인 국가들 사이의 공동안보(common security), 이해관계의 국가들 간의 협력안보(cooperative security)로 구분하기도 한다.

70 Carl Von Clausewitz, *Vom Kriege. Rowohlt Taschenbuch Verlag* (1832), 류제승 역, 『전쟁론』 (서울: 책세상, 2001), pp.57~58.

71 李克燦, *op. cit.*, pp.720~721.

72 John Lewis Gaddis, "The Long Peace; Element of Stability in the Postwar International System," *International Security* Vol.10, No.4 (1986), pp.99~142.

73 John J. Mearsheimer, 'Why We Will Soon Miss the Cold War," *The Atlantic Monthly*, Vol.266, No.2 (1990), pp.35~50.

74 Kenneth N. Waltz, "The Spread of Nuclear Weapon: More May Be Better," *Adelphi Papers*, No.171 (1981), pp.1~32.

75 Scott D. Sagan, *The limits of safety: Organizations, accidents, and nuclear weapons* (Princeton: Princeton University Press, 1993), pp.250~280.

76 Joseph S. Nye Jr., *Nuclear Ethics* (New York: Free Press, 1986), pp.59~80.

77 Robert Rauchhaus, "Evaluating the Nuclear Peace Hypothesis: A Quantitative Approach," *The Journal of Conflict Resolution* Vol.53, No.2 (2009), pp.258~277.

78 Kennedy, *op. cit.*, p.17.

79 R. E. Walpole, R. H. Myers, S. L. Myers, and K. Ye, *Probability and Statistics for Engineers and Scientists* 9th ed. (Pearson, 2012), p.172, 233. 통계전체 분야를 통틀어 가장 중요한 연속확률분포는 정규분포이며, 많은 현상을 근사적으로 잘 설명한다. 만약 모르는 모집단으로부터 샘플링을 한다면 해당하는 샘플링 분포는 근사적으로 정규분포를 따르며, 이는 중심극한정리(Central Limit Theorem)에서 나온 결과라는 것이다.; G. Casella and R. L. Berger, *Statistical Inference* 2nd ed. (Duxbury, 2002), p.237. 중심극한정리를 통해 어떠한 가정도 없이 출발하여 정규분포에 이르게 되며, 항상 가장 먼저 개략적 계산을 위해 사용 가능하다.; 박성현, 『현대실험계획법』 (서울 : 민영사, 2003), pp.23~25. 만약 모집단이 비정규분포라면 샘플링 데이터 n(샘플의 수)이 증가함에 따라 정규분포에 접근하며, 표준화값은 표준정규분포에 접근한다.

80 임외숙 등, 『통계학 입문』(서울 : 京文社, 1996), pp.123~133.

81 Kennedy, *op. cit.*, pp.191~195. 1880년 이전 상황은 영국이 제해권(command of the seal)을 확보하고 전성기를 누리는 시기로 국제적 갈등보다 지역적인 갈등과 전쟁이 주를 이루는 시기였다. 1815년에서 1885년 사이의 전쟁은 미국의 남북 전쟁을 제외하고, 1859년 프랑스-오스트리아 전쟁, 1877년 러시아의 투르크 공격 등 소규모의 전쟁들이었다. 크림전쟁도 지역적인 전쟁으로 영국의 전반적 개입 전에 종결되었고, 오스트리아와 프랑스의 프로이센 전쟁도 동원과 철도, 속사무기 등으로 속전속결로 종결되었다. 1860년대에도 육군과 해군의 무기류에 현대화는 이루어 졌지만, 산업혁명과 정치체계의 변화만큼 군대에 반영되지는 못했다.

82 *Ibid.*, pp.203, 249~253.

83 오스트리아-헝가리제국은 태자 암살사건 이후 7월 5일 독일의 절대적 지원을 약속받으며, 7월 28일 세르비아에 전쟁을 선포하고, 러시아는 7월 30일, 독일은 7월 31일 총동원령을 선포했다. 독일은 8월 1일, 프랑스에 대해 8월 3일에 전쟁을 선포함. 영국은 8월 4일 독일에 대하여 전쟁을 선포하고, 삼국동맹과 협력관계에서 8일 만에 신속히 관련국들이 전쟁을 선포했다.

84 Waltz, *Man, state, and War: A Theoretical Analysis*, p.10.

85 *Ibid.*, pp.217~220.

86 *Ibid.*, p.211.

87 Kennedy, *op. cit.*, p.200. 독일은 1914년 철강 생산량은 1,760만 톤으로 영국, 프랑스, 러시아의 생산량을 합친 것보다 많았다. 석탄 생산량은 독일 2억 7,700만 톤, 영국 2억 9,200만 톤, 오스트리아-헝가리 4,700만 톤, 프랑스 4,000만 톤, 러시아 3,600만 톤이었다.

88 Jennifer L. Cutsforth, *Quest For Empire: The United States Versus Germany(1891-1910)* (Illinois Wesleyan University, 1995), pp.6~7.

89 *Ibid.*, p.8.

90 Imperial German Navy, www.wikipedia.org.

91 1884년에는 콩고 갈등, 1880년에서 1890년까지는 서아프리카 갈등, 1893년에는 타이(Siam) 문제, 1898년에는 파쇼다(Fashoda)에서 키치너(Kichener) 부대와 마찬드(Marchand) 원정부대 간의 대결은 라인강 통제권을 놓고 16년간 대립한 가장 큰 위기였다.

92 French Navy-1900s, www.grobalsecurity.org.

93 육군의 경우 이탈리아의 위협에 대응하기 위하여 동남부에 집중배치가 필요하며, 해군은 함대의 지중해 집결 또는 대서양에 집결에 대해 고민하였다.

94 Kennedy, *op. cit.*, pp.219~224.

95 Kennedy, *op. cit.*, pp.232~242.

96 Jennifer L. Cutsforth, *op. cit.*, p.11. 일부에서는 러·일전쟁시에 독일이 러시아를 지원(support)하며, 이시기에 독일과 러시아는 적대적인 관계보다 협력적인 관계라고 보기도 한다.

97   The History of the Royal Navy - Part 3 (1815-1914), http://news.bbc.co.uk (검색일: 2014. 6.21).

98   S. B. Saul, The Myth of the Great Depression (London: Mcmillan, 1969), p.14.

99   Kennedy, op. cit., pp.224~232.

100   Kennedy, op. cit., pp.14, 126, 145, 186, 178~179, 197. 해양을 경계로 하는 국가의 지리적 이점은 경제분야 뿐만 아니라 군사적인 측면에서도 이점을 가지고 있다. 16세기 일본은 중국의 명나라가 쇠퇴하기 시작하면서부터 발전하기 시작했다. 중국이 소유하지 못했고 영국과 같은 지리적 이점을 중요한 전략적 자산을 가진 일본은 대륙 침략으로부터 보호되었다. 그러나 아시아 대륙과의 완전한 단절이 아닌 문화는 받아들일 수 있었다. 일본 봉건영주들은 중국과 조선의 해안을 약탈하고 동아시아에서 해상 무역의 이득을 보았다. 영국도 1815년 이후 경제적, 지리적으로 혜택으로 보며 강대국으로 발전하였다. 1815년 이후 군대는 50여 년 동안 침체기였으며, 군대는 국민총생산(GNP) 2~3%를 소비하며 유럽의 세력균형을 유지했다. 그리고 미국도 1800년대 유럽의 전쟁과 대립에서 지리적으로 멀리 떨어져 1861년 남북전쟁이 발생하기 전까지 국내개발에 치중하며 경제대국이 되었다. 러시아의 철 생산량은 35만 톤, 육군은 862,000명을 보유하였으나, 인구가 러시아의 40% 수준인 미국의 철 생산량은 83만 톤에 육군은 260,000명에 불과했다.

101   朴峯甲, "露日戰爭의 勢力轉移論的 分析" (동국대학교 대학원 정치대학원 박사논문, 2005), p.95.

102   Ibid., pp.89~90.

103   해군본부(전발단), 『일본·영국 해군사 연구』 (해군본부: 해군 인쇄창, 1997), p.24.; 해군본부, 『중국·러시아 해군사 연구』 (해군본부: 해군 인쇄창, 2002), p.37. 1874년 대만 고산족이 표류중인 오키나와 어민 53명을 살해했다는 이유로 일본은 대만에 군함 5척과 운송선 3척을 파견하였고, 청·일간에 긴장이 고조에 따라 청국이 대만 방어를 위한 1만 명을 파병은 해군력 부족 실패하고, 청국은 대만에 대한 종주권 포기와 배상금을 지불했다.

104   해군본부(전발단), 『일본·영국 해군사 연구』, p.37.

105   金順圭, 『신국제정치사』 (서울: 박영사, 1994), pp.154~155.

106   Kennedy, op. cit., pp.206~209. 일본이 이렇게 강대국으로 발전이 가능한 이유는 지정학적 고립으로 인근 대륙의 위협이라고는 쇠퇴해 가는 중화제국뿐이었으며, 다른 제국들보다 먼 거리에 있었고, 정신적인 요인으로 독특한 일본인의 의식이었다.

107   육군사관학교, 『세계전쟁사』 (서울: 육군사관학교, 1980), p.175. 일본은 1895년 청·일전쟁 이후 3국 간섭과 제국 러시아의 남진정책에 위협을 받아 일본 국민의 적극적인 지지 속에서 8년간 군비확충에 노력하였다. 전쟁의 배상금으로 2억량(약 3억 엔)을 받았고, 이 배상금의 36%를 해군 전력 건설에 투입하였다. 일본은 배상금 3억 4,405만 원의 23%를 임시군사비, 16%를 육군 확장비, 36%를 해군 확장비, 14.5%를 차기 전비로 할당하였다. 군비확장 추진은 일본의 西鄕 해군대신의 방침에 따라 山本權兵偉제독으로 10년간의 해군력 증강 계획을 세워 지속적인 해군력을 건설하여, 1903년에는 전함 6척과 장갑 순양함 6척을 기본으로 하

는 66함대 건설을 완료하였다. 개전초의 전투함 83척과 수송선박 등을 포함하여 152척, 26만 4,600톤으로 10년 전보다 월등한 전력 증강을 하였다.

108 Sergei Gorshikov, Sea Power of The State (Pergamon Press, 1980), 임인수 역, 『국가의 해양력』 (서울: 책세상, 1999), pp.175~179. 러시아는 19세기 말 함대의 주력이 발틱해, 흑해, 태평양의 3방면으로 분산 배치되어 공간적으로 제약을 받고 있었을 뿐만 아니라, 각각의 함대는 기후나 국제조약에 의해서도 많은 제약을 받고 있었다. 극동에서는 블라디보스톡항과 뤼순항의 두 개의 해군기지를 가지고 있었으나, 두 항에는 대규모의 조선소가 없었기 때문에 간단한 수리 및 검사만 가능하였다. 러·일전쟁 당시 러시아 태평양함대는 일본 함대에 수세적이었지만, 전체적으로는 러시아가 우세하였다고 평가하고 있다. 또한 발틱함대와 흑해함대의 세력 규합으로 시기적절하게 태평양함대를 강화하는 조치를 취하지 못하여 세력균형이 깨졌다고 평가하였다.

109 김명수, "미래해군력 적정 수준에 관한 연구," 해군대학, 『海洋戰略』 제 122호 (대전: 해군대학, 2004), p.24, 26. 대마도 해전에 참가한 일본 함정이 총 99척(전함 4, 장갑순향함 8, 경순양함 12, 장갑해방함 2, 해방함 3 등), 러시아 함정이 29척(전함 8, 장갑순양함 6, 경순양함 6 등)이었다. 일본이 함정의 규모(톤수) 면에서 1.5배, 척수면에서 3.4배로 우위에 있었다.

110 Kennedy, op. cit., pp.203~206. 이탈리아는 경제적 낙후성을 극복하기 위하여 1896~1908년에 산업화에 주력하였다. 산업 수준이 워낙 낮아서 급진적인 발전에도 불구하고 제2차 세계대전 초기의 산업 능력은 영국의 1900년대 산업 능력의 1/8에 불과했다. 이탈리아 경제적 능력으로 현대식 무기와 병력의 확보가 제한되었다. 1896년 아프리카인들에게도 패배를 당한 유럽 군대의 오명을 얻었으며, 1911~1912년 군도 모르는 리비아 전쟁 개입을 결정하기도 하였다. 1917년 카포레토(Caporetto) 전투나 1940년 이집트 원정에서 패배는 이탈리아 군대의 효율성을 의심하게 되었다.

111 Wright, op. cit., p.671. 국방비는 1870년 41mil. $ US, 1880년 66mil. $ US, 1890년 64mil. $ US, 1900년 68mil. $ US, 1910년 87mil. $ US, 1914년 182mil. $ US 이었다.

112 베르사유조약(Treaty of Versailles), www.firstworldwar.com. 제1차 세계대전의 결과로 독일의 군비를 제한했는데, 육군의 총병력은 10만 명 초과가 불가하고, 해군의 총톤수는 10,000톤으로 제한되고 잠수함의 생산은 금지되었다.

113 워싱턴 해군조약 : 해군의 총톤수 기본 비율은 영국(5):미국(5):일본(3):프랑스(1.75):이탈리아(1.75)이었으며, 영국과 미국은 52만 5천 톤, 일본 31만 5천 톤, 프랑스, 이탈리아는 6만 톤이었다. 그리고 주력함의 경우 3.5만 톤을 초과할 수 없고, 함포도 16"이하, 보조함 1만 톤 이하, 항공모함 2만 7천 톤 이하로 협약하였다.

114 김순규, op. cit., p.258, p.296. 19세기 중기 이후 오랜 기간 제국주의 열강들이 아시아, 태평양지역에서 중국을 중심으로 각축전을 벌이며, 해군력의 역량에 의존하여 세력균형이 유지되어온 열강들의 해군력을 미국은 제한하기를 희망하였다. 따라서 1921년 세계 강대국의 군비증대에 따른 국가 간의 조정을 위한 워싱턴회의는 영국, 프랑스, 미국, 일본의 4개국 조약(태평양지역 도서 및 속지와 영지에 관한 조약)과 이탈리아가 포함된 해군조약이 체결되었으며, 이 조약

의 의미는 미국 중심의 해군 군비제한이며, 영국과 일본의 동맹체제 해체가 미국의 목적이었으나, 1927년 해군조약의 실패 이후 영국, 미국, 일본의 군비경쟁은 가열되었다. 1933년 미국 37척 19만 2천 890톤, 영국 139척 45만 726톤, 일본 154척 38만 1천 944톤이었다.

115 Kennedy, *op. cit.,* p.287. 벨기에(1921), 폴란드(1921), 체코슬라비아(1924), 루마니아(1926) 등 프랑스는 개별적 동맹을 통한 독일에 대한 동유럽 연합블럭을 형성을 시도하였다.

116 Kennedy, *op. cit.,* pp.335~336.; "London Naval Conference(December 1935-March 1936)," www.globalsecurity.org. 워싱턴 해군회의 이후 1930년에 주력함에 대한 협의에서 미국과 영국은 10척, 일본은 7척으로 결정되고 조약이 1936년으로 연장되었다. 그리고 1935년 12월 해군 군비통제를 위한 회담이 개최되었으나, 일본은 해군력에 대한 균등한 보유를 주장하며 1936년 1월 16일 탈퇴하였고 이후 척수와 톤수에 제한은 무시되었고, 일본의 해군력을 급격히 증강되며 영국, 미국과 관계는 악화되었다.

117 뮌헨협정(Munich Agreement), www.wikipedia.org. 체코슬로바키아에 독일계 주민들이 많이 살고 있는 수데텐란트(Sudetenland) 영토 분쟁에 관한 협정으로 독일의 뮌헨에서 체코슬로바키아가 빠진 채 영국, 프랑스, 이탈리아는 독일이 수데텐란트를 합병하도록 인정하는 협정으로 독일의 유화책이라 본다. 여기서 히틀러 집권기간 동안 체코슬로바키아는 프랑스의 도움을 위해 동맹을 맺었지만, 프랑스는 전쟁을 피하기 위해 동맹을 이행하지 않고 독일에 지지를 보냈다.

118 More information about: Hitler plans the invasion of Britain, www.bbc.co.uk.

119 Kennedy, *op. cit.,* p.299. 1913년을 국가별 100을 기준으로 제조업 생산의 지수를 보면 1920년에 미국이 122.2, 일본이 176으로 가장 높고 독일이 59, 소련이 12.8로 가장 낮은 것으로 나타난다. 1930년대는 미국이 148, 일본이 249.9로 급격한 성장을 보이며, 독일이 101.6, 소련이 235.5로 급격히 증가한반면, 영국, 프랑스 등은 1920년대와 유사하거나 적은 증가를 보인다.

120 김태현, *op. cit.,* pp.93~95.

121 Jeffrey Record, "APPEASEMENT RECONSIDERED: INVESTIGATING THE MYTHOLOGY OF THE 1930s," www.StrategicStudiesInstitute.army.mil. 독일나치의 부상에 유화정책을 사용하게 된 원인을 제2차 세계대전의 아픈 상처의 기억, 히틀러의 야망에 대한 오판, 프랑스의 군사력의 불융통성(inflexibility), 영국의 지나친 전략적 확장(overstretch), 프랑스의 영국에 대한 전략적 의존, 미국의 고립주의, 소련 공산주의 두려움과 불신 등으로 보고 있다. 제1차 세계대전 당시 6,000만 명의 유럽인이 전쟁에 참가하여 700만 명이 전사하고 2,100만 명이 실종과 부상을 당하였다. 히틀러의 야망을 주변국의 리더십의 잘못된 판단이었다. 히틀러는 뮌헨의 양도에서 영국과 프랑스의 양보로 폴란드를 공격하여도 전쟁에 개입하지 않을 것이라 생각했다. 프랑스의 불융통성은 히틀러 의도에 대한 오판과 전략적 마비(self-paralysis)였다. 독일군에 대비하여 프랑스의 참모들은 완고한 방어적 교리를 바탕으로 동원과 병력 중심의 육군을 유지하여 독일로의 공세적 작전을 배제하고 있었다. 영국은 군이 군사력으로 감당할 수 없는 수준의 전략적 임무를 부여하여 군의 능

력을 약화시켰다. 제1차 세계대전 이후 약화된 영국군은 대영제국의 임무를 그대로 수행해야 하는 처지였다. 유럽에서 독일의 부상, 아시아에서 일본, 지중해에서 이탈리아의 팽창은 영국에게는 세계의 1/4을 통제하고 수출하는 영국에게 해상교통로는 사활적 국가이익이었다.

122 *Ibid.*, p.22.

123 *Ibid.*, pp.38~39.

124 Hines H. Hall III, "The Foreign Policy-Making Process in Britain, 1934-1935, and the Origins of the Anglo-German Naval Agreement," The Historical Journal Vol.19, No.2 (Cambridge University Press , Jun. 1976), pp.497~499. 독일의 해군력은 베르사유조약으로 10,000톤 이하로 제한되었다. 그러나 1935년 영국과 독일은 Anglo-German Naval Agreement를 통하여 독일의 해군력은 영국 군함의 총톤수 35% 비율까지 허용하게 되었다. 원래 목적은 독일의 해군력 강화를 방지하고, 일본과의 충돌에 대비하여 극동에서 능력을 최대화하기 위함이었다. 하지만 이 협정은 프랑스나 이탈리아와의 사전 협의 없이 이루어짐에 따라 많은 반감을 샀으며, 독일에게 베르사유조약의 제약을 극복하여 주는 결과를 가져왔다.

125 Kennedy, *op. cit.*, p.311. 1933년 주요 국가들이 금위 본위제를 포기하자 프랑화의 가치가 하락하고 수입은 60%, 수출은 70%가 감소하였고, 1935년 이후 디플레이션은 프랑스를 깊은 침체의 늪으로 빠져들게 했다. 1938년의 산업생산은 1928년의 38% 수준으로 83%가 감소하였다.

126 아비시니 위기(Abyssinia Crisis), www.historytoday.com/historical. 에티오피아지역을 유럽에서는 아비시니아로 부르며, 1935년 이탈리아가 침공을 시작하여 1936년에 점령한다. 이탈리아가 아시비니아를 침공하기 이전 영국, 프랑스, 이탈리아는 독일을 견제하며 재군비와 베르사유 조약의 수정을 방지하기로 합의 하였으나, 영국은 독일과 해군협정을 체결하여 독일의 군사력 증강을 용인하며 다른 국가와 사전 협의 없이 이뤄졌고, 이를 계기로 이탈리아는 독일과 관계 개선을 시도하고 오스트리아의 독일 위성국가 건설을 반대하지 않았고, 프랑스와의 관계도 악화되었다.

127 Paul Beaudry and Franck Portier, "The French Depression in the 1930s," Review of Economics Dynamics 5, 73-99 (2002), pp.75~76. 프랑스는 1928년 1/5 수준으로 금위 본위제에 복귀하여 대공황의 영향이 상대적으로 늦게 나타났다. 하지만 프랑스도 1930년 후반기 디플레이션 정책을 선택하여 경제침체가 심화되었고, 1936년 미국, 영국과 삼국협정을 통하여 프랑스화의 30%를 절하하는 등 경제회복을 위한 노력을 하였으나, 제2차 세계대전까지도 완전히 회복하지 못하였다. 그리고 1937년 GDP는 17.4%에서 15.8%로 감소하였다.

128 The first world war Aftermath, www.nationalarchives.gov.uk.

129 Geoffery P. Megargee, THE ARMY BEFORE LAST; British Military Policy, 1919-1939 and its Relevance for the U.S. Army Today (Santa Monica: Rand, 2000), pp.3~5. 제2차 세계대전 이후 영국은 방대한 군사비 지출에 대한 예측이 필요하였다. 유럽에서 가장 위

험한 독일이 사리지고 소련은 내전 중이었다. 하지만 영국도 전쟁 피해에 대한 회복이 필요한 상태에서 국방의 감소가 의회의 관심사였고, 군 전문가의 5년 주기 예산 예측을 무시하였다.

130 Australian War Memorial, Australia in the War of 1939-1945 (1952), pp.31~32.

131 Ibid., p.298

132 Kennedy, op. cit., p.293.

133 Ibid., p.298.

134 Kennedy, op. cit., p.317, 324. Table 29. Aircraft Production of the Power, 1932-1939. 1938년 항공기 생산량은 소련 7,500대, 독일 5,235대, 일본 3,201대, 영국 2,827대, 미국 1,800대, 프랑스 1,328대였다.

135 Ibid., p.299.

136 Ibid., p.300.

137 Ibid., p.301.

138 Ibid., p.328

139 Ibid., p.329.

140 Ibid., p.333.

141 이정수, 『제2차 세계대전 해전사』(서울: 공옥출판사, 1999). p.14, 25.; 해군본부(전발단), 『일본·영국 해군사 연구』, pp.63~101. 1922년 547,000톤(전함 301,000톤, 항공모함 15,000톤, 순양함, 142,000톤, 구축함 65,000톤, 잠수함 24,000톤), 미국은 1,134,000톤 (전함 526,000톤, 항공모함 13,000톤, 순양함 183,000톤, 잠수함 49,000톤)으로 일본은 미국의 48%의 수준이었다. 일본은 워싱턴 조약에서 체결된 60%에 미치지 못하는 전력이었다. 그리고 1937년 무조약 시대에 접어들면서 일본은 미국의 거함경쟁(建艦競爭)에서 척수로 대응하는 것이 불가능하여, 함정의 위력으로 압도하는 방책에 주목하고, 전함 야마토(大和), 무사시(武藏) 등의 거함을 건조하기 시작하였다.

142 Kennedy, op. cit., pp.206~209.; Mearsheimer, The Tragedy of Great Power Politics, p.44, pp.126~128. 영국과 미국이 강대국으로부터 한 번도 침략받지 않았고, 미국이 유럽과 동북아시아 영토를 정복하려 하지 않은 것과 영국이 유럽대륙을 지배하려 하지 않은 것을 설명하는 이유이다. 그 예로 영국은 1945년까지 400년 동안 강대국의 지위를 유지하며 많은 전쟁에 개입하였지만 침략당하지 않았고, 스페인, 나폴레옹, 히틀러 모두 공격에 실패하거나 포기하였다. 미국도 1898년 강대국이 된 이후 한 번도 침략의 위협은 없었으며 대서양과 태평양의 거대한 장벽(moat)으로 다른 강대국과 분리되어있는 가장 안전한 국가이다. 그러나 프랑스는 1792년 이래 7차례의 침략을 당하고 3번은 점령당하였지만, 바다를 통하여 공격은 한 번도 받지 않았다. 러시아는 200년 동안 5회의 침략을 받았고 크리미아의 영불의 공격을 제외한 육지를 통한 공격이었다. 결국 대륙국가들은 1792년 이후 12회의 침략에 1회만이 바다를 통한 침략이었다.

143 ICPSR, "National Material Capabilities Data, 1816-1985" (ICPSR 9903, 1990년). 1950년대 국방비는 미국이 14,559 Mil.$, 소련 15,510 Mil.$, 영국 4,441 Mil.$, 프랑스 3,018 Mil.$로 소련이 가장 많은 국방비를 지출하고 있었고, 병력에서도 400만 이상의 병력을 유지하고 있었다.

144 Winch S. Churchil, Iron Curtain Speech(March 5, 1946), www.courses.kvasaheim.com.

145 Mearsheimer, The Tragedy of Great Power Politics, pp.322~323.

146 李克燦, *op. cit.,* pp.699~701

147 李克燦, *op. cit.,* p.709.

148 이근욱, op. cit., p124; Randall W. Stone, Satellites and Commissars and Conflict in the Politics of Soviet-Bloc Trade (NJ: Princeton University Press, 1996), p.45.

149 William E. Odem, The Collapse of the Soviet Military (New Haven, CT: Yale University Press, 1998), pp.241~242.

150 Yegor Gaidar, "The Soviet Collapse: Grain and Oil," www.aei.org, pp.2~3.

151 *Ibid.,* p.3~5

152 Mearsheimer, *op. cit.,* pp.322~323.

153 Kennedy, *op. cit.,* pp.382~383.

154 Mearsheimer, *op. cit.,* p.256. 1953년에 유럽에 42만 7천 명의 미군이 주둔하고, 1960년대에는 7,000발 정도의 핵폭탄을 배치하였으며, 유럽에서 미군의 숫자가 30만 이하로 내려간 적이 결코 없다.

155 Kennedy, *op. cit.,* p.405.

156 Ronald Reagan, "Address to the National Association of Evangelicals ('The Evil Empire'), 8 March 1983," www.voicesofdemocracy.umd.edu.

157 Mearsheimer, *op. cit.,* pp.144~145.

158 William H. Luers, "The U.S.S.R. and the Third World," Collection of papers for THE U.S.S.R. AND THE SOURCE OF SOVIET POLICY Seminar (The Wilson Center in Washington D.C., 14th APR. ~ 19th MAY 1978), www.wilsoncenter.org, p.13.

159 인도는 중국과 분쟁에서 소련의 경제적, 군사적 원조를 받아들였지만, 소련을 비판하고 독자적인 정책을 추구하였으며, 중동국가들도 서방과 소련의 지원을 받았지만, 서방과 소련의 국가행동을 수시로 비판하였다.

160 Kennedy, *op. cit.,* p.384.

161 William G. Hyland, "The U.S.S.R. and USA," Collection of papers for THE U.S.S.R. AND THE SOURCE OF SOVIET POLICY Seminar (The Wilson Center in Washington

D.C., 14th APR. ~ 19th MAY 1978), p.5. 1964년 브레즈네프(Leonid Ilyich Brezhnev) 시대에 소련이 직면한 문제로 소련의 위상과 중국의 새로운 위협, 미국을 포함한 서방 세력과의 전통적 관계 문제 등으로 소련의 현실적 전략에서 군사력의 열세 문제, 국가 경제의 허약성 등으로 인하여 외교정책에도 영향을 미쳤다.v

162 Kennedy, *op. cit.*, pp.398~399. 중국은 1964년 최초로 원자폭탄 시험을 하고 미사일을 개발을 시작하였고, 중국이 수소폭탄을 보유하고, 소련의 중국 핵무기 기지에 대한 선제적 공격도 계획하였으며, 미국도 중국의 핵 강대국으로 발전을 저지하기 위한 소련의 "예방적 군사행동(preventative military action)"에도 참여하려 하였다.

163 William G. Hyland, *op. cit.,* p.5.

164 William H. Luers, *op. cit.,* p.14.

165 *Ibid.,* p.16.

166 *Ibid.,* p.16.

167 *Ibid.,* p.14.

168 이 조약은 1970년 8월 1일 모스크바에서 서명되었고, 무력불행사조약이라고도 한다. 미국과 소련 간의 긴장 완화를 계기로 체결되었다. 주요 내용은 5개로 조 구성되어 있고, 유럽의 평화적 발전과 어떠한 무력도 사용하지 않고 평화적 방법으로 문제를 해결하며, 현 영토를 기준으로 출발하여 영토를 보존하고 미래에도 영토문제를 제기하지 않는 것이다.

169 William G. Hyland, op. cit., pp.6~7.

170 *Ibid., p.7.*

171 ACDA(United State Arms Control and Disarmament Agency), "WORLD-WIDE MILITARY EXPENDITURES AND RELATED DATA 1965" Research Report 67-6 (Washington, D.C.; ACDA Economic Bureau), pp.2~10.

172 John M. Collins, "UNITED STATE/SOVIET MILITARY BALANCE" IB78029 (Washington D.C.: Congressional Research Service, 1981 Originated 1978).

173 Kennedy, *op. cit.,* p.386.

174 William G. Hyland, *op. cit.,* p.7.

175 군사력 분야별 총합에서는 1985년 미국 222.96%, 소련 225.35%, 1990년 미국 227.77%, 소련 230.25%로 양적으로 소련이 우세하였으나, 표준값(Z)의 군사력비로 전환시 미국이 우세한 것으로 분석되었다.

176 Mearsheimer, *op. cit.,* p.78.

177 *Ibid.,* pp.73~75. 소련의 경제력은 미국과의 격차도 많이 줄여가며 발전하였다. 흐르시쵸프(Nikita Khrushchev)는 1956년 미국을 '묻어버릴 것(burry)'이라고 으름장을 놓기도 할 정도였다. 1960년대 부의 상대적 비중은 미국이 67%, 소련 33%였으나, 1980년대 초반부터 소련의 경제력은 쇠퇴하기 시작하였고, 미국의 경제력에 맞설 수 없었다.

178 Mearsheimer, *op. cit.,* p.78. 냉전기간 동안 소련의 국방비는 경제력에 비해 미국보다 높은 비율의 국방비를 사용했는데, 미국에 비해 체코스로바키아, 헝가리, 폴란드 등 가난한 동맹을 가지고 있었기 때문이다.

179 *Ibid.,* p.256. 냉전시기 1953년대에 유럽에 42만 7천 명의 미군이 주둔하고, 1960년대에는 7,000발 정도의 핵폭탄을 배치하였고 유럽에서 미군의 숫자가 30만 이하로 감소한 적은 없다.

180 *Ibid.,* pp.234~238. 미국과 영국은 해외균형자(offshore balancer)로 역할을 했다. 미국은 1850에서 1898년에 강력한 군사력을 건설하지 않았고 영토획득 노력도 하지 않았으며 지배도 추구하지 않았다. 영국도 19세기 막강한 산업력과 군사력으로도 유럽의 지배를 추구하지 않았다. 미국과 영국은 지역패권국으로 다른 지역의 패권의 등장을 억제하는 데 집중한다. 바다의 차단성이라는 이점을 이용하여 현상유지를 희망한다.

181 김연철, "1954년 제네바 회담과 동북아 냉전질서," 한국연구제단, 『아세아연구 제54권 1호』 (서울: 한국연구제단, 2011), pp.193, 199~202. 중국이 제네바회담에 사활적으로 참여한 이유는 국제적 지위 격상과 국내적으로 경제적 복구를 위한 대외환경의 안정이 필요했다. 1953년 저우런라이(周恩來)은 평공존론을 주장하며 제네바회담에서 평화공존 전략을 주장하며 미국과 유럽을 분리하여 미국의 봉쇄정책을 약화시키려 하였고, 미국은 인정하려 하지 않았다. 하지만 유럽 국가들은 제2차 세계대전 이후 국내 경제회복을 위해 중국과 무역이 필요했으며, 영국은 1950년 공산국 중국을 승인하였고 관계와 무역도 증가되고 있었다. 1950년대 미국은 중국에 대한 강력한 봉쇄정책을 추진하고 있었다.

182 *Ibid.,* p.196. 1차 샌프란시스코 평화회의는 1945년 4월 열렸다. 통상적으로 '샌프란시스코 체제'라고 부르는 것은 2차 평화회의이다. 1951년 9월 4일부터 9월 8일까지 열린 2차 회의는 연합국 49개국 대표들이 참여했으며, 요시다 시게루(吉田茂)가 일본측 대표로 참석해 '평화조약(Treaty of Peace with Japan)'을 체결했다.

183 ames H. Nolt, "China's Declining Military Power," The Brown Journal Of World affairs, Spring 2002-Volume IX (Providence, RI: Watson Institute for International Studies, 2002), pp.322~323.

184 자오찬성(趙全勝), Interpreting Chinese Foreign Policy (New York: Hong Kong Oxford Univ. Press, 1996), 김태완 역, 『중국의 외교정책』 (서울: 도서출판 오름, 2001), pp.216~220. 중국은 경제개발원조(Official Development Assistance: ODA)를 1979년에 일본의 차관제공에 조인하였다. 중국은 외국의 차관에 대하여 의심을 가지고 있었고, 1953년부터 1960년까지 소련과 동유럽 사회의 국가로부터 15억 달러의 차관 이외에는 외국의 자본유입을 거부하였다. 하지만 일본의 차관은 1989년 천안문사태로 중지될 때까지 증가하였으며, 원조는 독일, 오스트리아, 프랑스 등으로 확대되었고, 중국 ODA의 45%를 일본이 차지하였다. 그리고 이 차관은 1979년부터 시작된 '5개년 경제개발계획'을 위한 자금으로 사용되었다. 1979년 15억 달러, 1984년 21억 달러, 1988년 54억 달러 제공을 약속하기도 하였다. 중국과 일본의 무역관계도 증가하여 1970년대 말 일본의 대중국 무역이 5% 미만에서, 1990년대는 일본이 미국 다음의 무역 상대국이 되었다.

185 핵시대에 미국에 대항하는 전략으로서 핵전쟁에서 최후의 전쟁 승패는 재래식 전쟁에 의한 영토 점령에 있기 때문에 인민전쟁에서의 승패가 전쟁의 결과에 결정적이었다고 본다. 따라서 종심 깊은 중국의 영토를 이용하여 적극적인 방어전략을 통하여 지구전과 소모전, 섬멸전을 통하여 승리할 수 있다는 것이다. 여기에서 인민해방군과 전 인민들은 마오쩌둥의 전쟁 수행원칙에 따라 고립된 적에 대하여 다방면으로 유격전과 지구전을 수행하고, 적의 지속적인 침식작용을 통하여 사기와 전력을 고갈하며 차례로 섬멸한다는 것이다.

186 강병문, "중국의 군사력 증강과 영향" (원광대 행정대학원 석사학위논문, 2011), p.14.

187 자오찬성(趙全勝), *op. cit.*, pp.82~83.

188 *Ibid.*, pp.91~92.

189 James H. Nolt, op. cit., pp.325~326.

190 김명수, *op. cit.*, pp.33~34.

191 최운도, "일본안전보장제도와 정책", 함택영·박영준 편, 『안전보장의 국제정치학』 (서울: 사회평론, 2010), pp.385~387.; 金東震, "日本의 對韓半島政策," 민족통일연구원 연구보고서 92-09 (서울: 양동문화사, 1992), p.20. '요시다 독트린'이라고도 하는데, 패전 이후 1950년대 일본의 외교, 방위정책으로 자국의 안보와 국가재건을 위해 평화헌법으로 국제사회의 신뢰를 회복하고, 미국과의 동맹을 통한 안보를 확보하며, 일본은 경제력 복귀에 매진한다는 구상이다. 1952년 미일강화조약으로 주권을 회복하고 한국전쟁으로 군사적 개입 없이 군수품 제공으로 경제 회생의 기회를 잡았다.

192 자오찬성(趙全勝), *op. cit.*, p.230.

193 金東震, *op. cit.*, p.3.

194 *Ibid.*, p.5.

195 전기원 외, 『쟁점으로 본 동아시아 협력과 갈등』 (서울: 도서출판 오름, 2008), p.216.

196 金東震, *op. cit.*, p.8, 14. 소련은 동북아시아 지역에 1969~1979년 사이에 소련의 지상군을 20개 사단으로 증가하였다. 탱크, 미사일, 잠수함 등 육군력, 해군력, 공군력을 현대화하였으며, 블라디보스톡에 Minsk 항공모함을 배치하였고, 1978년 베트남과 상호방위조약을 체결하고 소련의 해군을 전개하였다. 소련의 군사력은 태평양지역을 위협하고 있었고, 일본과는 영유권 분쟁에 있는 본토와 17km 떨어진 에토로후와 쿠나시리에 군사기지를 건설하였다.

197 미일방위협력지침(The Guidelines for U. S.-Japan Defense Cooperation), www.mofa.go.jp. 이 지침은 소련의 아시아 진출과 미국의 아시아 이탈을 우려하여 제5조 일본은 유사시에 대비하여 일본과 미국의 공동방위를 분명히 할 것에 관심을 가지고 있었고, 미국은 제6조 아시아의 지역 안전보장에 관심을 가지고 일본의 협력에 중점을 두고 있었다. 이 지침은 일본의 아시아에서 역할을 증대시키고 있다는 것이다.

198 최운도, *op. cit.*, pp.391~392.

199 이기종, "동북아 정세변화와 한국의 대회안보협력," 『亞太研究』 (경기대학교 아태연구원,

1996. 12), p.55.

200 李春根, "박정희시대 한국의 외교 및 국방전략,"『한발연포럼제 152호』(한국개발연구원, 2006. 8), www.hanbal.com.

201 幸範植, "러시아-중국 안보·군사 협력의 변화와 전망,"『中蘇研究』통권 112호 2006/2007 겨울 (한양대학교 아태지역연구센터, 2007), p.68.

202 William Bernstein, Birth of plenty, (SIAA Publishing Co., 2005), 김현구 역, (서울: 시아출판사, 2005), p.489.

203 "Government Spending in the US," www.usgovernmentspending.com. 미국 국방비는 1952~1962년까지는 GDP대비 10~15%로 11% 이상은 6년간 이었으며, 1970~1971년에는 10.06~10.36%이었다. 그러나 이외의 기간은 대체로 5~7%를 유지하였다.

204 William Bernstein, *op. cit.,* p.514.

205 Alfred T. Mahan, The Influence of Sea power upon History: 1660-1783 (Boston: Little, Brown and Company, 1890. Release Date 2004 eBook #13529), pp.29~59. 마한은 Geographical position, Physical conformation, Extent of territory, Number of population, National character, Character and ploicy of governments로 보았다.; 김현기,『현대해양전략사상가』(서울: KIMS, 1998), 해양전략에 대한 사상가들의 주장을 다루며, 마한의 기본적인 주장을 근거로 대륙국가와 해양국가를 구분하고 있다. 그리고 근대에 클라우제비츠와 조미니의 전략사상이 주류를 이루고 있을 때, 영국의 존 콜롬(John Colomb, 1838~1909)은 마한보다 20년이 앞서 대륙전략의 독주시대에 최초로 해양전략을 제시한 '대양학파의 창시자(Blue water school)'로서 영국을 식민자를 이용한 해상교통로보호의 거점으로 활용 등 연안해군에서 대양해군으로 전환하는 계기를 마련하였다

206 임경환 등 5등,『21세기 동북아 해양전략』(서울: 북코리아, 2015); 김현기, *op. cit.*; Michael Lewis, The Navy of Britain; A Historical Portrait (Lodon; George Allen and Unwin Ltd., 1948) 등을 요약.

207 IISS, "The International Institute for Strategic Studies," www.iiss.org(검색일: 2021. 7. 20)

208 DNI, "Annual Threat Assessment of The US Intelligence Community," www.dni.gov (검색일: 2021. 8. 20)

209 Elizabeth Shim, "North Korea could have 40~50 nuclear weapon, think tank says," (World news, 14 June 2021.), www.upi.com(검색일: 2021. 3. 10)

210 박휘락,『평화와 국방』(서울: 한국학술정보(주), 2012), pp.273~276. 4가지 국방정책목표는 동맹 및 우방국을 확신시키고, 미래 군사 경쟁국을 단념시키며, 미국이 국가이익에 대한 위협과 강압을 억제하고, 억제 실패시 어떤 적이라도 결정적으로 격퇴한다.

211 Department of Defence, "Quadrennial Defense Review Report(February, 2010)," pp. 12~15, www.defense.gov (검색일: 2020. 2. 5)

212 DOD, "The United States of America National Defense Strategy," www.defence.gov ; DOD, "Nuclear Posture Review 2018," www.media.defense.gov (검색일: 2021. 3. 10)

213 ODNI, "2021 Annual Threat Assessment of the U.S. Intelligence Community (Apil 9, 2021)," www, dni.gov (검색일: 2021. 5. 29)

214 Defense newes, "In challenging China's claims in the South China Sea, the US Navy is getting more assertive (Feb 5, 2020)," www.defensenews.com(검색일: 2021. 6.20.)

215 Cleo Paskal, "Indo-Pacific strategies, percetions and partnerships (23 March 2021)," www.chathamhouse.org (검색일: 2021. 8. 14)

216 USNI news, "Work: Sixty Percent of U.S. Navy and Air Force will be based in Pacific by 2020 (Sep 30, 2014)," www.news.usni.org; Global Times, "China releases report on US military presence in Asia-Pacific, warns of increased conflict risk (Jun 21, 2020)," www.globaltimes.cn (검색일: 2021. 1. 15)

217 강석율, "동북아 안보정세분석(NASA)," KIDA, 2020. 9·11테러 이후 군사변혁(Millitary Transformation)으로 2004년 부시정부에서 GDPR(Global Defense Posture Review)이 채택되어 2018년 범세계적작전수행모델(Global Operating Model)로 발전하여 '전략적으로는 예측 가능하되 작전적으로 예측이 불가능한 방향'으로 군사력을 운용하기 위하여 육군과 공군은 '역동적 전력전개(DFE: Dynamic Force Employment)' 개념으로 해군, 해병대는 '분산해양작전(DMO: Distributed Maritime Operations)'과 '원정전진기지작전(EABO: Expeditionary Advance Base Operations)' 개념으로 발전하였다.

218 CRS, "The FY2019 Defense Budget Request: An Overview (May 9, 2018)," www.fas.org(검색일: 2020. 9. 20)

219 Congressional Research Service, "Report to congress on the Annual Long-Range Plan for Construction of Naval Vessels for FY2019," www.secnav.navy.mil (검색일: 2020. 9. 12)

220 Ronald O'Rourke, "Navy Force Structure and Shipbuilding Plans: Background and Issues for Congress, RL32665, (21 Jun 2021)," p.9, www.crsreports.congr (검색일: 2021. 7. 30)

221 해양전략연구소, 『2020~2021 동아시아 해양안보 정세전망』(서울: 박영사, 2021), pp. 72~74.

222 정혜윤 역, 『예정된 전쟁』(서울: 세종서적, 2018), Graham Allison, Destined FOR WAR: Can America and China ESCape Thucydides's Trap? (2017), pp. 192~207.

223 DOD, "Military and Security Developments Involving the Peoples's Republic of China 2020 (DOD, Sep 1, 2020.)," pp.30, 115~116, www.defense.gov (검색일: 2021. 4. 15)

224 국방부, 『2020 국방백서』(서울: 국방부, 2020), pp. 14~15.

225 Terrence K. Kelly, The U.S. Army in Asia, 2030-2040 (RAND, 2014.), pp.8~10.

226 김강녕, "중국의 해양팽창정책과 한국해군의 대응방안"『해양전략』제178호 (대전: 합동군사대학, 2018), p. 46.

227 Ronald O'Rourke, "Future Force Structure Requirements for the United States Navy (CSR, June 4, 2020)," www.crsreports.congress.gov(검색일: 2021. 8. 5)

228 Ronald O'Rourke, "China Naval Modernization: Implications for U.S. Navy Capabilities—Background and Issues for Congress (July 1, 2021) RL33153," p.10. www.crsreports.congress.gov (검색일: 2021. 8. 20)

229 Heath A. Comley & Etc., "The Diversity of Russia's Military Power (Sep. 2020, CSIS)," pp.1~9. www.csis.com (검색일: 2021. 9. 10)

230 Ekaterina Klimenko, "Russia's new Arctic policy document signals continuity rather than change" (6 April 2020), www.sipri.org; Atle Staalesen, "Putin signs Russia's new Arctic master plan (Mar 6, 2020)," www.arctictody.com (검색일: 2021. 8. 20)

231 Chathamhouse, "Russia's New State Armament Programme Implications for the Russian Armed Forces and Military Capabilities to 2027 (May 2018)," www.chathamhouse.org (검색일: 2021. 9. 1)

232 해양전략연구소, 『2020~2021 동아시아 해양안보 정세전망』, pp. 168~171.

233 Heath A. Comley & Etc., "The Diversity of Russia's Military Power," p.17.

234 Russian-military, www.cfr.org (검색일: 2021. 9. 17).

235 해양전략연구소, 『2020~2021 동아시아 해양안보 정세전망』, pp.179~193.

236 Ibid., p.183.

237 외교부, "2018 러시아 개황," www.mofa.go,kr(검색일: 2021. 9. 17)

238 ISS, ASIA-PACIFIC REGIONAL SECURITY ASSESSMENT 2021, p.31.; 参議院常任委員會調査室, "日米同盟の抑止力・對處力と在日米軍駐留経費負担の在り方 ― 第204回國會(常會) における防衛論議の焦点-(参議院常任委員會調査室・特別調査室, 21.7.30.)," www.sangiin.go.jp (검색일: 2021. 9. 30)

239 Terrence K. Kelly, James Dobbins, The U.S. Army in Asia, 2030-2040), pp.6~7.; 윤완준, "中 군사력 확장에 日-호주-인도 맞불… 아시아 군비경쟁 불붙다"『동아일보』, 2018.8.28. www.donga.com; 최서윤, "아베, 11월 호주 방문해 자위대·호주군 협력 강화…내년 국방비 사상 최고"『아시아투데이』, 2018. 8. 22. www.asiatoday.co.kr (검색일: 2021. 9. 28)

240 参議院常任委員會調査室, Ibid.

241 MOD(해상자위대), 2020 DEFENSE OF JAPAN (MOD, 2020), pp. 216~220.; 해양전략연

구소, 『2020~2021 동아시아 해양안보 정세전망』, pp. 136~140.

242 김주환, "中 군비확장 대응해 韓·日 항모확보 검토···F-35B 탑재" 『세계일보』, 2018. 2. 14. www.sedaily.com(검색일: 2021. 9. 28)

243 국방부, 『2020 국방백서』, p.289.

244 *Ibid.*, pp.11~12.

245 국방부, 『유능한 안보 튼튼한 국방 「국방개혁 2.0」: 국민과 함께합니다.』(서울: 국방부, 2019.).

246 '21-'25 국방중기계획 정책브리핑," www.korea.kr (검색일: 2020. 10. 20)

247 국방부, 『1996~1997 국방백서』, pp. 43~44.; 『1997~1998 국방백서』, p.47.

248 Eleanor Albert, "North Korea's Military Capabilities (Nov. 16, 2020, Council Foreig Relations)," www.cfr.org (검색일: 2021. 8. 15). 미사일 발사시험 : '12년 2회, '13년 6회, '14년 19회, '15년 15회, '16년 24회, '17년 21회, '19년 18회, '20년 9회.

249 Liang Tuang Nah, "The Tactical Implications of North Korea's Military Modernization" (Jan 27, 2021), www.thediplomat.com (검색일: 2021. 3. 18)

250 정혜윤 역, 『예정된 전쟁』, pp.192~207.

251 IISS, ASIA-PACIFIC Regional Security Assessment 2021, p.31.

252 이춘근, 『미중 패권경쟁과 한국의 전략』(서울: 김앤김북수, 2016), p.161.

253 성균중국연구소 역, 『중국공산당은 어떻게 통치하는가』(성균관대학교출판부, 2016), 후안강 (胡鞍鋼), 民主決策: 中國集體領導體制(2010), p. 290.

254 NIC, GLOBAL TREND 2040 (National Intelligence Council, 2021), pp.110~118. 미국의 글로벌트랜드 2040(Global Trand 2040)에서는 다섯가지 가상 시나리오를 전망하기도 한다. ① 민주주의 르네상스 시대(Renaissance of Democracies, 미국과 동맹국이 주도하는 열린 민주주의 부활 세계), ② 주도 국가가 없는 시대(A World adrift, 'G Zero'세계), ③ 경쟁적 공존시대(Competitive coexistence, 미국과 중국이 경제성장우선 공조와 정치, 기술 등 경쟁 세계), ④ 다양한 세계로 분리된 시대(Separate silos, 지역 강대국 중심의 경제, 안보 중심의 블럭화된 세계), ⑤ 비극과 동원(Tragedy and mobilization, 비정부기구(NGO) 협력하 중국과 EU가 주도하는 세계)로 제시했다.

255 정혜윤 역, 『예정된 전쟁』, p.19, 88.

256 David Hutt, "The UK Should Align with Biden in the Indo-Pacific" (14 January 2021). www.rusieurope.eu (검색일: 2021. 3. 20)

257 정혜윤 역, 『예정된 전쟁』, p.88.

258 박창권, "미중 해군력 경쟁의 특성과 안보적 시사점".

259 Ronald O'Rourke, "China Naval Modernization: Implications for U.S. Navy Capabilities Background and Issues for Congress" pp.32~33.

260 *Ibid.*, pp. 12~32.

261 *Ibid.,* pp. 32~33.

262 The Economist, "China's next aircraft-carrier will be its biggest. The Chinese navy is fast learning how to use them (Jul 3rd 2021)," www.economist.com ; Navy news, "China's New Super Carrier: How It Compares To The US Navy's Ford Class (2 Jul 2021)," www.navalnews.com (검색일: 2021. 8. 17). 미국의 국제전략문제연구소(CSIS)의 전문가들은 중국의 003급 항공모함의 위성사진을 분석한 결과, 2030년까지 5척을 보유하고 장기적으로 6~10개 항모강습단을 보유하고, 003급 항공모함은 미해군의 항공모함과 크기가 비슷하나, 함재기 탑재능력 차이와 승강기와 사출기가 미항모보다 각각 1개씩 적어 항공기 소티 창출이 적으나, 항공기 이륙체계를 이전 항모의 증기식 사출체계(steam catapult)에서 전자기식 사출체계(Electromagnetic Aircraft Launch System: EMALS) 설치로 더 빠른 항공기 출격을 지원과 미국의 E-2D(개량형 Awkeye)와 유사한 KJ-600을 탑재하여 공중조기경보통제기 역할을 수행할 것으로 전망된다.

263 정호섭, "미 해군의 새로운 전력운용 개념, 항공모함 운용의 변화를 중심으로," 『동아시아 해양의 평화와 갈등』 (한국해양전략연구소, 2019), pp.466~467, 497~499.

264 ONI, "Numbers of Chinese and U.S. Navy Battle Force Ships, 2000-2030 Figures for Chinese ships taken from ONI information paper of February 2020," p. 10.; Ronald O'Rourke, "China Naval Modernization: Implications for U.S. Navy Capabilities—Background and Issues for Congress," p.10.; Ronald O'Rourke, "China Naval Modernization: Implications for U.S. Navy Capabilities—Background and Issues for

265 NIC, GLOBAL TREND 2040, pp.102~103.

266 Terrence K. Kelly, The U.S. Army in Asia, 2030-2040, pp.8~10.

267 *Ibid.*, pp.61~65.

268 박창권, "미중 해군력 경쟁의 특성과 안보적 시사점', p.4.

269 *Ibid., p.4.*

색 인

저자약력

해군중장 김명수

o 교육경력

    - 해군사관학교 졸업(43기)

    - 국방대학교 석사

    - 美 해군수상전학교(ISWOS)

    - 美 이지스 훈련센터

    - 국민대학교 정치학 박사

    - 서울대 국제안보전략 최고위과정

o 근무경력

    - 세종대왕함(DDG 991) 함장

    - 합동참모본부 해상작전과장, 작전 2처장

    - 해군 제2함대 제2해상전투단장

    - 해군 작전사령부 해양작전본부장

    - 해군 제1함대사령관

    - 해군본부 정보참모부장

    - 해군사관학교장

    - 국방정보본부 해외정보부장

    - 국방부 국방운영개혁추진관

    - **現 해군참모차장**

한국해양전략연구소 총서 98
국가의 군사력과 힘의 균형

초판발행	2022년 10월 14일
지은이	김명수
펴낸이	안종만·안상준
편 집	윤혜경
기획/마케팅	오치웅
표지디자인	이수빈
제 작	고철민·조영환
펴낸곳	㈜ 박영사
	서울특별시 금천구 가산디지털2로 53, 210호(가산동, 한라시그마밸리)
	등록 1959.3.11. 제300-1959-1호(倫)
전 화	02)733-6771
f a x	02)736-4818
e-mail	pys@pybook.co.kr
homepage	www.pybook.co.kr
ISBN	979-11-303-1600-0 93390

정 가   20,000원